U0053771

裁員風暴

——企業與員工的保命聖經

丁志達◎著

業可失，志不可喪〈代序〉

一九八二年一月三十日，農曆正月初六清晨，北台灣的基隆雨港，正下著濛濛細雨，今天是開工吉日，大武崙工業區內的廠家，此起彼落的鞭炮聲響個不停，祈求諸神明保佑今年賺大錢。

黃道吉日　鐵門深鎖

座落在該區一隅的安達電子公司三百位員工，九點鐘起，卻陸續地從各主管手中拿到一個信封袋與一紙介紹信，這二年來，讓工業區內員工羨慕福利辦得最好的這家外商公司，就在今天黃道吉日，鎖上了鐵門，結束營業。

一九八二年勞動基準法尚未實施，正式立法通過的工廠法條文，並未規定企業裁員時要給付資遣費，守法雇主只能參照行政院公布的「廠礦工人受雇解雇辦法」計算支付資遣費，

又因當年台灣還在戒嚴時代，資遣法規訂得不周延，勞工街頭抗爭，警總會逮人，當年政府對被裁員勞工的保障可說是微乎其微，不守法雇主規避給付資遣費比比皆是，也少有輿論報導。

派出所前　群衆聚集

安達電子公司三百位員工在領到資遣費以及福利金攤分款後，十一點鐘左右，雨淅瀝瀝的下，大家撐著傘陸續走出工業區側門，聚集到大武崙派出所前，很快地筆者在辦公室接到派出所主管以及基隆市政府社會科的官員打來的電話，告知目前「群眾」在派出所前聚集的狀況，要不要他們出面協助。在電話中除了感謝他們的通風報信外，也告訴官員，這些「群眾」已領到資遣費，中午他們要到基隆的餐廳聚餐，因派出所旁邊是公車招呼站，他們正在等車，不是去派出所、社會科申冤、抗議的。

有緣相聚　難得一醉

裁員後，員工不埋怨，主管與部屬都能在這「天人交戰」的關鍵時刻，還有心情「把酒暢飲」，說明了企業主在處理關廠、歇業過程中，企業有情，員工就有義。主導此次裁員圓滿落幕的策劃者正是筆者本人，當年正擔任該廠人事主管。

筆者離開了安達電子公司後，憑著總經理的一張工作推薦函，馬上找到住家附近的台灣國際標準電子公司就業，時年三十六歲。在該公司工作將近十八年，工作期間也歷經企業的幾次轉型變革，先後參與多次裁員策劃工作。俗話說，無柄雙刃刀法玩久了也會傷身的，一點也沒有錯。

鳥盡弓藏　兔死狗烹

一九九八年三月二十六日，淡淡的三月天，廠區花圃內種植的杜鵑花已漸凋零，筆者時年五十三歲，擔任薪酬暨行政部經理，再過一年多就可適用「年滿五十五歲，工作十五年以上」申請自願退休。但是適逢公司再轉型，這一次轉型中，我的長官已將筆者摒除在策劃「裁員計畫」的工作群外，交付的任務是要將五位年齡在五、六十歲的警衛同仁資遣。先前幾次的裁員計畫，筆者爲主要裁員行動策劃擔綱人，雖每次裁員配套措施有所差異，但總會貼著「雇主」、「員工」的交集點來設計資遣辦法，提出諍言，並被採納。

裁員戰將　被裁卒子

此次裁員，在當日早上八點半後，用不到二十分鐘，就很順利地將資遣費發給五位警衛員，拿著簽收條交給長官後，「多年照顧筆者」的長官，噙著眼淚，從抽屜拿出一份筆者很面善的紙張要筆者簽字——筆者被裁員了！應證了「鳥盡弓藏」的名言，先前期待的五十五歲退休「歡笑」的職涯規劃，在這「臨門一腳」下，美夢終成空，帶著長官替筆者流的淚（痛苦的抉擇），以謙卑（努力不夠）、感恩（十八年的提攜）的心情，無怨無悔的接受長官的安排。在踏出廠門前，聽到筆者被資遣趕來送別的好朋友中，有一位六十多歲的外包清潔歐巴桑說了一句：「那無這種代誌，這種人也會被剖頭，公司眞無目珠。」事隔不久，該公司員工籌組成立了工會，也開啓勞資爭議爭端。

禍福相連　取福棄禍

筆者三月底離職，四月初在清明節回家掃墓後，就被應聘到新竹科學園區的智捷科技公司擔任總經理特別助理。工作二年，適逢滿五十五歲，在職場上也已工作了三十年，依勞保規定可領到四十五個月基數的老年給付，就這樣毅然決定轉換跑道，休息爲了走更遠的路，

辭職後，改擔任「無任所」的企管顧問工作，同時也再自我充電與學習，擇日再出征。

企業無罪　員工無錯

企業裁員無罪，被裁員工也沒錯。這話怎麼說，看看自己家裡的衣櫥，在夏天，我們會穿冬裝上班嗎？在冬天，夏裝會穿出去嗎？年有四季，春夏秋冬，人有生老病死，這是自然現象，但是企業的生命週期可長可短，只要在經營過程中，不斷的力求突破，雖前有險路，後有追兵，但臨危時「棄甲」逃生，以求「東山再起」，本是常情，企業裁員有何責備可言！被丟棄的「甕甲」，也許成爲追兵的「戰勝品」而被予以重用，個人職涯轉折，由「危」轉「機」，有何可嘆！

拋棄悲情　邁向光明

「彼亦人子也，望善待之。」這句話是宋朝范仲淹的父親囑咐他善待僕人的千古名言，但願在企業「脫胎換骨」之際，「主子」們也能銘記於心，「積善人家有餘慶」；不幸被「欽點」的被裁掉勞工，也要記得過河搭橋，逢山修道，「天無絕人之路」，每一條路都是無限寬廣，在自己的職涯路上，抬頭挺胸，昂首闊步，走出「不值得再留念的廠區」，業可

失，志不可喪，雨過天青，失業後的陽光，一樣燦爛、溫馨無比。

感謝提攜　心想事成

筆者在職場上一路走來，顛簸多於順境，離家工作多於居家生活。內人林專女士除擔任教職工作外，母兼父職，如果沒有她精神上的支持與鼓勵，以及在職場轉折點上不勝枚舉的諸多貴人提攜，以自己的能力是無法在職場上熬過這三十多年。如今承蒙生智文化事業公司葉總經理忠賢、閻編輯顧問富萍慨允將筆者在裁員與被裁員所經歷的眞實人生，彙集成書；而在撰寫期間，經岳、經芸二位e世代的年輕人的幫忙，就每篇文章牽涉的法律問題及寫作的方向提供寶貴的見解，今値付梓之際，謹以虔誠之心，向上述所有的恩人、親屬致最高的敬意與謝意。

當然，最該感謝的是所有的讀者，因爲您是最重要的顧客，這本書是爲您而寫的，希望書中的一鱗半爪經驗片段，能夠提供給您在商場上、職場上「趨吉避凶」的附身符。祝福企業主生意興隆通四海，上班族快樂、順利的領到退休金，失業的好朋友否極泰來，找到好頭路。

目錄

第七篇　失業族群自救　267

附表（圖）　323

第一篇

企業雇主決策

為企業興衰把脈

幾年前的農曆尾牙宴上，中國石油公司的工會召開理監事會，會後中油公司總經理潘文炎代表資方在台北市豪景大飯店宴請與會人員，席開三桌，當美味佳餚一道一道上桌時，突然一位工會幹部在桌邊站起來，走到潘總經理面前「發難」。一開始大家以為有人覺得菜色不好，頓時鴉雀無聲，等著看好戲。但刹那間，這位仁兄突然下跪說道：「總經理，請你給我們一碗飯吃，我們只要一碗飯。」教在座的勞資雙方的心情，在幾秒鐘內逆轉一百八十度，這段單刀直入的演出刺得潘總經理當場紅了眼眶。（註一）

QQ一碗飯　粒粒皆辛苦

員工要一碗飯吃，絕對不是總經理一廂情願要不要給大家一碗飯「溫飽」的問題，而是企業大家庭內的所有成員，在企業經營環境瞬息萬變中，員工有否自我警惕，自我督促，跟上企業發展的腳步，不能淪爲企業的「米蟲」，而是要當企業經營上「播種」、「耕耘」、「巡田水」、「收割」、「曬乾」、「出售」過程中的參與者，「飯」是大家努力、合作耕耘有成果後，各依其貢獻度分享其所得，只有律己才能求人。

有時月光　有時星光

根據英國安永（Ernst & Young）會計師事務所一群資深管理顧問師出版的《經營者手冊》中，提出檢視企業盛衰的幾貼藥方，可以讓同在一條船上各施職能的船長（雇主）、船員（員工）勞資雙方，體認在風平浪靜的企業經營環境與就業環境中，兩造均須能「居安思危」，則危險就不會來；縱使危險降臨，則平日危機意識防範形成的勞資共識與員工事前個人妥善預備的「救職圈」，就可及時化險爲夷。台灣諺語：「有時月光，有時星光。」是企業經營上經常會遇到的現象，有防範就不怕，可供勞資雙方參考與警惕。（註二）

一、企業光明前景的徵兆

- 具有競爭意識。
- 致力於研究發展。
- 不斷推出新產品。

- 確實進行消費者調查與市場試銷。
- 迅速處理客戶抱怨。
- 品質合乎客戶要求。
- 注意客戶服務工作。
- 適當的訂價策略。
- 員工士氣高昂。
- 管理階層作風開朗。
- 組織富有彈性。
- 授權良好，分層負責。
- 在成功的關鍵因素上集中力量。
- 資金運用得當。

二、企業走向困境的徵兆

- 市場占有率日益降低。
- 利潤低，銷售量少。
- 產品老舊。

- 顧客普遍感到不滿意。
- 產品品質有問題。
- 交貨時常延誤。
- 過分依賴少數客戶或供應商。
- 資金週轉不靈。
- 生產方式過時。
- 勞資關係不佳。
- 員工流動率高。
- 管理階層的想法與商場實況脫節。
- 將多兵少，頭重腳輕。
- 管理僵化，缺乏彈性。
- 上下溝通不良。
- 管理階層閉門造車。

關廠歇業廠家　歸類五大特徵

據行政院勞工委員會統計，國內勞政單位每年要處理四、五千件勞資爭議案件，其中最讓官方使不上力的是企業主無預警式的「關廠」、「歇業」，其所延伸的勞工陳情資遣費被雇主跳票的爭議案件，例如「福昌紡織」、「東菱電子」、「東洋針織」等案，迄今均懸而未決。行政院勞工委員會曾根據研究資料指出，台灣地區關廠、歇業的廠家具有五大特徵，包括：

- 勞力密集產業。
- 產品以外銷爲主的部門。
- 生產原料仰賴外國的產業。
- 污染性工業。
- 都市發展鄰近地區的企業。

關廠歇業類型　八大行業上榜

至於企業關廠、歇業的類型，據行政院勞工委員會研究資料指出有下列八大類型，提供勞工朋友觀察自己服務的職場上，如有發現下列企業「不正常營運」的徵候，就要特別注意防範，以免老闆突然關廠、歇業走人，使得「甘苦一輩子，到老嘸半項」的勞工資遣費、退休金「不翼而飛」，索討無門。

一、產業外移型

主要發生在勞力密集的產業及污染性的工業，如紡織業、鞋業、電鍍業等。

二、企業結構調整型

較易發生在大企業，藉以追求利潤極大化，或經營方針改變。

三、變賣土地獲利型

廠房位於都市發展鄰近地區的企業。

四、經營虧損終止型

經營不善的公司，以結束營業的方式減少虧損。

五、違法遭勒令歇業型

多發生在小企業，因無法符合日益提高的環保標準，而被勒令歇業。

六、規避法律責任型

爲逃避退休金給付而提前資遣員工。

七、爭議手段使用型

勞資爭議發生時，資方將關廠、歇業當成爭議手段使用，對勞工而言，抗爭對象消失，自然無法繼續抗爭，但資方卻隨時可以重新登記營運。

八、公司負責人違法型

例如公司負責人捲款潛逃，或因積欠工資「避難」國外。（註三）

一朝被蛇咬　終生怕草繩

二〇〇一年二月一日，《中時晚報》在頭版頭條新聞出現了這樣一則醒目的標題：「宏電無預警大裁員三七五人」，翌日，《聯合報》以「錯愕、悲傷……宏電員工紅著眼離開」爲主標題，副標題爲「早有耳聞會裁員，只是不知道名單上有誰，接獲通知有人難過得掩面哭泣」的報導。當宏電裁員落幕後，同年二月二十八日《台灣日報》又有一則用斗大的標題寫著：「倫飛大裁員，一一七人捲舖蓋」，讓人看了心驚膽跳。俗話說：「冰凍三尺，非一日之寒。」因此，勞工如何事先「察言觀色」偵測出服務單位有關廠、歇業或裁員的徵兆，做好「狡兔三窟」的防範準備，說有多重要就有多重要，一朝被蛇咬，終生怕草繩，能不愼乎？

企業大量解雇勞工，預警指標有那些？

在「事業單位大量解雇勞工保護措施」辦法內，政府列出多項企業關廠、歇業、裁員的預警指標，值得參考與預防：

- 事業單位雇用人數五百人以下，積欠勞工工資逾二個月者；其事業單位雇用人數在五百人以上，積欠勞工工資逾一個月者。
- 積欠勞工保險費（含工資墊償基金）或健康保險費逾三個月，且金額分別在二十萬元以上者。
- 事業單位三個月內未依法提撥勞工退休準備金，經地方勞工行政主管機關處罰，仍不提撥者。
- 有全部或一部分停工之跡象者。
- 最近二年曾發生重大勞資爭議或工安事件者。
- 最近二年曾發生嚴重虧損情形者。
- 最近二年曾經票據交換所公告列為拒絕往來戶者。
- 最近二年曾有明顯欠稅情況者。

・已有惡性關廠歇業前例事業之關係企業者。
・最近二年曾資金、設備有異常大量外移情形者。
・成立二十年以上之事業單位，其提撥之勞工退休準備金明顯不足者。（註四）

鐵達尼號　沈船教訓

拿下一九九八年奧斯卡最佳導演金像獎電影「鐵達尼號」的導演柯麥隆（James Cameron），在頒獎典禮上致詞時，說了一段引人省思的感性話：「鐵達尼號所帶給我們的訊息，就是這樣巨大的船也會沈沒，這樣不可思議的事情也會發生，因而未來確實是不可知的。」

企業主在經營企業時，應以超人一等的智慧與「未卜先知」的敏銳判斷力，以「戰戰兢兢、如履薄冰」來帷幄運籌，多一分「謹慎」，就能少一分「失蹄」，用心經營企業，用心照顧員工。雖然，企業無時無刻都在競爭環境風暴中搏鬥、求生機，但企業主只要真正關懷員工，激起員工高昂的鬥智與創意，永續經營不會是漂浮的泡沫，而是一塊金字招牌，歷久彌新。一旦經濟風暴來襲，有備無患，何足懼之？

註釋

註一：〈星期天的約會〉，《自由時報》，一九九九年五月二日。

註二：《管理者手冊》，中華企業管理發展中心出版。

註三：〈關廠企業，五大特徵見端倪〉，《自由時報》，一九九八年十二月二十八日。

註四：「事業單位大量解雇勞工保護措施」，一、建構防範機制，四、採行措施。

2 組織員額精簡原則

近年來，國內網路上流傳著一則「鼠貓寓言」，一隻貓咪在老鼠洞口，學狗叫了二聲，躲在洞裡的耗子以爲貓走了，就大大方方地鑽了出來，沒想到被逮個正著。老鼠覺得很冤枉，臨死前問貓咪說：「我剛剛明明聽到是狗叫聲，怎麼會是你在外邊呢？」貓咪回答說：「這是什麼年頭了！不學第二種語言那有飯吃呢？」只有變、變、變才能生存，不論企業或個人，就像《西遊記》裡的孫悟空，有了七十二變的本能，才能在「絲路」上，逢凶化吉，抓住讀者想繼續看下一章回精彩的另一套變術，如果作者平鋪直述，那會成爲中國文學史上四大經典名著呢？

唯一的不變就是要變

由於全世界企業經營的環境面臨顧客（customer）、挑戰（challenge）及巨變（change）

的所謂3C革命威脅，傳統的結構化、正式化、編制化的組織架構，已經無法應變，組織必須轉型爲動態化、網路化、結盟化的虛擬組織，以迅速反應市場的脈動與顧客需求，進而提升競爭力。

虛擬組織具有彈性與隨時變形、轉型的特色，從管理級層面來看，未來的中階主管階層將會逐漸消失。組織扁平化後，管理決策與行動的落差亦會縮短，員工對組織的向心力也會減低，誠如哈佛企管博士摩斯・坎特（R. Moss Kanter）所言：「個人與公司之間工作保障的承諾已然破裂甚至消滅，組織必須發展出以稱職性（employability）爲主的各種新的人力資源政策，而不再執著於永業性（permanent employment）。」

組織員額精簡　定義大同小異

精簡（downsizing）被認爲是一項促進組織更新、重建、降低成本費用、提高收益、增加競爭優勢及促進顧客滿意的有效管理工具，但有關組織員額精簡的涵意，各學者都有不同的闡釋，舉例而言：

・組織員額精簡是組織減少勞動力以增進組織績效的審慎策略。（Kozlows 1993）

・組織員額精簡可視爲當組織及對外環境均面臨衰退時，組織的管理者爲促進組織績效

所從事的組織人力與預算運用之縮減。（Dewitt 1993）

‧組織員額精簡是指當企業遭受諸如財務困難、技術變遷等問題時，雇主運用各種方式，有系統地減少勞動力，突破企業的經營難題。（Appelbaum 1987）

‧一個組織爲了適應環境改變，追求生存與成長，而將組織予以小型化的作法，就是組織精簡。（Lippitt 1984）

‧組織精簡是爲了改善組織效率而使用裁員的一種過程。（Hellriegel & Slocum 1992）

‧組織精簡是一種藉由人力結構的調整，以維持競爭力及滿足顧客需求的組織策略。（Band & Tuntin 1995）

‧組織精簡是一種包含了一連串由管理者發起及設計，用以增進組織規模及工作程序，藉以增進組織效率、生產力及競爭力。（Cameron 1993）（註一）

企業再造　猶如金礦

一九九八年十月間，台灣積體電路公司董事長張忠謀先生在新竹交通大學講授「企業再造」的課程。他談及企業再造（Re-engineering）是一個很大的金礦。通常我們講再造的目標，有企業流程（Business Process）及組織再造。一般企業找顧問公司來進行再造，他們只做流程的再造，而不碰組織的問題，因爲組織再造會牽涉到人事問題，這個最麻煩。實際上再造就是將不需要位子的人去掉，也就是一種金礦。可是這一點東方的文化不像西方那麼方便，東方人講求人情味，常常是最上層的人也知道不需要某個職位的人，可是還把他留下來，這樣讓年輕有爲的人不能升上去，其實並不好，他主張要把人情味以其他方式表達，例如提供優厚的資遣費等。（註二）

趨向變遷策略　轉向變遷策略

資源有限，所以要有策略。俗話說：「把錢用在刀口上」，這就是策略的簡單定義。同時策略是一項計畫是否能成功關鍵所在，一項政策性的策略，在往後任何時間來看都是正確的，因此一項成功的策略必須建立在遠見、前瞻以及知己知彼的基礎上。根據學者 Freeman & Cameron 的論點，組織員額精簡策略，可區分爲趨向（convergence）變遷策略及轉向（reorientation）變遷策略。

一、趨向變遷策略

具有漸進、調適的特質，其目標在強化組織的策略、任務與原有結構三者之間的一致性。管理者採行組織精簡旨在維持組織的穩定性與因應外在環境的變動。僅求對組織進行較

小幅度的改變，以增強原有目標的達成。這種趨向變遷策略並非採大幅度的組織變革。

二、轉向變遷策略

採取較爲激烈、大幅度的變革方法，並可能重新界定組織的策略、任務與結構，以達成與原有之組織目標相異的目的。這種轉向變遷策略甚至可能引起整個組織權力的重整分配，是屬於全面性的精簡策略。

變新　變好　變小

這幾年來，在台灣遊樂區經營始終名列前茅的「劍湖山事業」，雖然在二〇〇〇年十月營收新台幣六千八百三十九萬元，但在面臨政局紛擾、豪雨、股市下挫，遊樂區業績大受影響與景氣不佳壓力下，仍在當年底實施「變新、變好、變小」的策略，著手組織變革及經營策略的調整：

一、變新

要革除老化及傳統思考模式，即使與本業不相關，只要有較好獲利機會，都不排除投資。

二、變好

要積極進行流程改造，工作重分配。

三、變小

組織部門精簡，例如主管上線服務，減少工讀生數量；訓練多能工，計畫將多餘的人力，支援飯店營運。（註三）

劍湖山事業所實施的上述之策略即屬「趨向變遷策略」，因未觸及員工「去留」的棘手問題。但有些企業為「轉虧為盈」，採取「轉向變遷策略」，例如高雄區中小企業銀行推行「高企改造」，在二〇〇〇年一月間共鼓勵優退一百三十六名員工，優退鎖定的對象是針對較資深的行員進行，除每年約可省下新台幣三億元人事支出外，同時實施組織架構扁平化，分行專業化定位後，裁撤八家分行。（註四）

中鋼轉型成功　絕活獻寶回饋

在國內，國營事業轉型民營企業，方興未艾，而民間傳統製造業由「舊巢」轉換「新巢」，也如火如荼的進行改革。在組織的變革過程中，主管扮演關鍵的角色，主管如能充分體認變革的必要性，全心協助企業宣導、溝通並帶領員工參與、投入，有助於企業採用「趨向變遷策略」，達到在職員工「體膚無損」、企業不需「折兵損將」，順利轉型成功，浴火重生。下列幾項觀念與作法，是中國鋼鐵民營化經驗，值得參考運用：

一、共同塑造企業願景

主管參與討論，共同檢討營運所面臨的問題，尋找企業成長發展目標，協助研訂計畫方案。

二、激發員工危機意識

洞察企業營運遭遇的問題與企業將面臨的困境，並讓員工充分體認了解，以激發危機意識。

三、協助重塑企業文化

以身作則，協助企業建立積極進取及企業轉型所需的工作價值觀。

四、負起單位中溝通、宣導責任

轉達政令，並聽取員工意見，循循善誘，協助公司化解變革阻力。

五、配合推動人力合理化

配合業務發展，合理檢討人力配置，力求撙節用人，發揮人力最大效用。

六、加強自我學習，提升知能，並推動學習型組織

從加強自我學習著手，提升本身知能及帶動單位中學習風氣。

七、協助管理制度改善

配合企業或人事單位，充分參與各項管理制度之改善，並提供建言。（註五）

員額精簡原則　傾囊傳授訣竅

如果企業在變革中採用的是「趨向變遷策略」，但效果不顯著，轉而採取較為激烈的「轉向變遷策略」時，企業在面臨組織改造、減少人力之際，下列的幾項組織員額精簡的原則，要加以靈活運用，才不致於有損企業形象：

- 員額精簡的策略要配合組織目標。
- 降低組織層級，暢通溝通管道。
- 裁員前要與工會溝通，才能化解「阻力」為「助力」。
- 已列冊被裁員者，組織需運用非正式溝通管道暗示或疏導。
- 擇訂公布精簡人力的適當時機及宣導作法。
- 員額精簡要適中，過猶不及，會造成在職員工的恐慌。
- 精簡人力要一次解決「清倉」，頻率過多的裁員動作會打擊在職員工的士氣。
- 要為被裁員者解決問題（協助方案）。
- 安撫「倖存者」（在職者），安定人心。
- 精簡的人數、層級、職位、工作表現要有某種程度的一致性與公平性。

- 資遣費給付辦法設計要周延、慎重。
- 了解並遵守相關法律對資遣作業的規範。
- 資遣時機的選擇。
- 資遣計畫的執行人要獲得員工的信賴。
- 替代方案或折衷方案的應變措施要事先規劃，一旦資遣行動未能按照原先規劃與預測之「劇本」演出，才有迅速應變迴旋空間，掌控先機，立不敗之地。
- 配合精簡後的人力結構，規劃留任員工的工作調適計畫。

註釋

註一：孫本初、葉雅倩，《組織精簡對於留任員工組織行為影響之研究》。

註二：《工商日報》，一九九八年十月八日。

註三：王瑞堂，〈劍湖山瘦身變變變〉，《工商日報》，二〇〇〇年十二月。

註四：《經濟日報》，二〇〇〇年一月十九日。

註五：李雄，《中鋼民營化經驗之分享》，台灣電力公司人事人員管理班講義。

企業員額合理化的作法

由於資訊科技（information technology）的普及，工作內容的重新定義，使得許多新的工作產生；相對的，也有許多的工作漸漸消失，使得企業主將員額精簡（downsizing）掛在嘴邊，琅琅上口，員工聞之，有如「談虎色變」。

員額精簡　談虎色變

員額精簡主要的作法，是透過工作簡化（work simplification），以減少不必要的作業流程及工作項目，透過組織重整（reorganization），以縮減管理層級，增加主管的管理幅度（span of management），實施授權，以減少監督層級，縮短流程等作業，並對企業內人員，訂定優惠提早退休的配套方案，鼓勵「資深」、「高位」、「高薪」的員工自動離職，減少員額，且嚴格管制新增員額，同時用員額編制及預算控制方式，防止部門員額膨脹。

反敗爲勝艾科卡　職員捲鋪蓋走路

艾科卡（Lee Iacocca）在接手瀕臨倒閉的克萊斯勒（CHRYSLER）汽車時，就發現公司裡閒人太多了，光是副總經理就有三十五人，他們各自爲政，你推我擋，效率不高。於是他一刀砍向公司高層領導，撤掉身居高位而無建樹的平庸之輩，三十五位副總裁先後辭退了三十三個，高層部門的二十八名經理撤掉了二十四個。

艾科卡的第二刀是砍向龐大的職員隊伍。在汽車公司裡，人員分爲職員和生產線工人兩大類。工人負責直接的生產，而職員則是使生產線的工作連結成一個便於工作的體系。艾科卡說：「你的確需要一組職員班底，但不應該用過頭。」他特別不能容忍那些對汽車業一竅不通，卻又總在那裡對工人頤指氣使的職員。「我需要有人造汽車、賣汽車。我不能容忍聘請一個人來說什麼：『如果我們做了這個或那個，那麼我們的汽車就能造得好一點，賣得多一點。』」因此艾科卡下決心讓大部分職員捲鋪蓋走路。（註一）

人多好辦事？輕鬆話家常！

從上述實例中，可應證俗話說的：「一個和尚挑水喝，二個和尚抬水喝，三個和尚沒水喝。」當每位員工工作量不足時，便會相互推諉，惹事生非，鬧得烏煙瘴氣，最後同歸於盡。有「台灣經營之神」稱謂的王永慶先生曾說：「如果一個單位應該用五個人，卻用了十個人，結果這個單位不是五個人沒有事做而是十個人都死掉了。」因此他經營企業追求「合理化」，是他事業成功的關鍵因素之一。在二〇〇〇年下半年，面對景氣下滑，身爲台塑集團領導人的他，再度下達事務合理化，達到人員精簡的動員令，股務人員縮編近百分之二十五，四十多人撤離財務部，調往其他部門，這是一項合理化的行動。

台塑集團作法　值得借鏡參考

台塑集團各事業單位爲了配合集團轉型，基層廠務或生產操作人員持續進行單位整合，尤其在大陸廠陸續運作下，重疊性高的工廠成爲優先整合的目標。

企業檢討合理化的人力與工作效率，例如遇缺不補，鼓勵優退等措施，都是台塑集團進行人力合理化的主要方法。

在有關台塑集團處理人員合理化的經驗中，可以分爲「時機選擇」與單位人員編制研討合理化精簡時應「考慮因素」二大項：

一、時機選擇

・時常不定期對自我單位人員編制數之合理性研討，而逐步計劃精簡，以降低單位成本，提高管理績效（如工作簡化、設備改善、人員工作量的分析、單位或工作之歸併、人員適向及配置等因素）。

・因產量提高，工作增加，譬如二班改三班，編制數需酌增加時。

・因擴充設備，產量及生產作業變更，人員編制需研討變更。

二、單位人員編制研討合理化精簡時應考慮的因素

・工作方法改善及簡化。

・設備改善。

・人員工作量分析並考慮歸併。

・部分工作是否可考慮男性改女性擔任。

・部分工作是否改托工、外包或雇用契約人員。

・部門單位考慮歸併、組織精簡。

・直接與間接人員比例之合理性。

・工作熟練度、逐漸有效人員精簡。

・從業人員其個人適向及工作配置合理性。

調節人力過剩　中華汽車有一套

企業在調節人力過剩的方法上，國內中華汽車公司的作法也值得參考，分爲下列二項：

一、先決條件

・企業體質佳。
・管理上軌道。
・經營理念正確。
・實施員工利潤分享。
・提供良好工作條件。

二、方法

・調節休假。
・進行教育訓練。
・遇缺不補。
・進行專案改善。

・外包工作收回。
・做整理、整頓的工作。
・優惠退職辦法。
・淘汰不適任人員。
・全員促銷公司產品。
・發展新事業。
・外調協力廠商、經銷商。
・機器歲修保養、生產線重新安排。

典範企業作法　綜合歸納捷徑

綜合而言，合理管制員額有效運用人力方案，應可朝下列方式探討與規劃：

一、增設部門方面

・考慮業務需要。
・設立時機。
・預算經費。

・部門職掌有否重複。

・新設部門而致業務相重複或功能萎縮者，需檢討裁併或縮減編制。

二、增設員額方面

・先就現有編制與人力作通盤檢討。

・選擇合適的人才。

三、處理聘僱人員方面

・擔任長期臨時性、短期性工作者，應於業務計畫結束時停止續聘。

・擔任之工作不涉及機密性，且適合委外派遣公司辦理者，應儘量實施外包。

・擔任的工作可以採分段方式處理者，則進用部分工時之聘僱人員。

四、消除不適任現職人員方面

・檢討不適任人員處理方法。

・訂定退職鼓勵辦法。

五、減少一般事務人力配置方面

・儘量使用現代化事務機具，取代人力處理勞務性工作。

・擴大事務性工作的外包範圍。

藍色巨人大裁員　打破終生雇用制

在今日企業經營環境下，已很難找到眞正能無條件致力於不裁員政策的企業，數年前「藍色巨人」ＩＢＭ大規模裁員時，就可明白這一點，因爲企業經營不確定的因素太多了，例如市場變動、競爭激烈，以及技術革新等。總之，沒有一家企業能向員工保證永遠有差事可做，企業只能在「合理」的範圍裡，儘量保住員工的飯碗，而這「合理」的範圍內，也非無條件的，它必須是勞資雙方要經常保持「你儂我儂」的和諧與良性溝通，協同一致抓住每位顧客對公司產品的「死忠」不渝，就是顧客不會「移情別戀」，但「殺價討價」也免不了，產品售價月月降，員工薪資年年添，除非用人精簡，否則定期降低「人事成本」，裁員要逃也逃不掉。

體恤員工　將心比心

企業員額合理化要推行成功，與內部員工溝通這一關免不了。事先要透過對談、內部刊物、公開信、精神講話等各種文宣管道，來剖析環境的變化，解說組織成員優化的必要，以激發員工對員額合理化的認同，勞資雙方有共識，推行起來就能化阻力爲助力；其次，體恤

員額合理化後，將在企業名冊內「消失」的員工，將心比心，妥善照顧。例如中華汽車公司在組織員額精簡過程中，將精簡多餘的人力，利用勞務外包時，將員工轉介紹到協力廠及外包商；當廠區警衛安全工作招標時，招標條件是要競標商吸收原有的警衛員，並要審核廠商所定的勞動條件。（註二）

如果企業降低人事成本勢必在行，也提供了優惠的資遣辦法，員工還能說什麼呢？

註釋

註一：〈裁減冗員，勿養閒人〉，《成功老闆一百術》，第六十七術，頁二一四～二一五。

註二：沈嘉信，〈企業進行魔鬼健身〉，《天下雜誌》，一三六期，一九九九年一月。

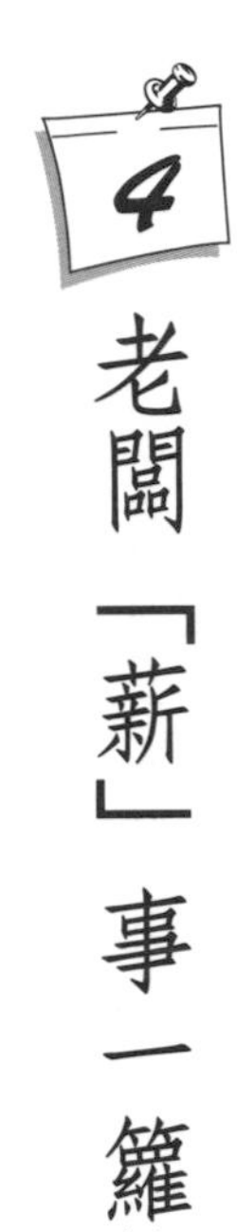

4 老闆「薪」事一籮筐

一九九八年四月一日保險業納入勞動基準法的適用行業，南山人壽爲因應勞基法大革「薪」，在三月的業務系統宣導大會中，宣布改變薪資制度，卻遭到業務員的反彈與抗議，種下了八月二十五日成立壽險業第一個產業工會，而保險業中的「大都會」與「中興人壽」也有人到場「觀摩」見習，保險業的多事之秋可以預見。一家壽險業的老闆最近檢視該公司的財務狀況，赫然發現適用勞基法之後，短短四個月累計支出的薪資成本，已經吃掉該公司一個月的業績規模，老闆驚嚇得差點跌坐到「地板」上，深怕薪資成本會像雪球般越滾越大，老闆的「薪」事誰能知？

虧本關廠　天經地義

國內製造業龍頭台塑企業，雖然因一九九七年獲利不佳，一九九八年上半年景氣未見好轉，但是仍然在五月爲基層女性員工加薪九百元。相較之下，台塑集團與日本旭化成工業株式會社各出資一半的台旭纖維公司的宜蘭廠員工就太不幸了，台旭員工在無預警下於八月七日被資方通知八月十二日起停工，員工在驚慌失措下只好推派代表來台北求見王老闆，雖然員工跪求老闆繼續經營，但台灣經營之神仍然沒辦法答應員工的善意要求。據報導，當王老闆下班時，在長廊上又遇見請願的員工代表時，王老闆告訴員工「明天再談」，有位員工說：「我跟大老闆說，就算吃菜脯（蘿蔔干），我也要跟著他，我相信大老闆聽得進去。」老闆聽得進去的是如何在勞基法的資遣退休條件下，多給一些「薪資」。次日在多發六個月工資的優惠條件下，將經營三十年的國內第一大亞克力紗廠劃下了不完美的「勞資雙輸」的結局，有錢誰不想賺，老闆的關廠歇業決定，應該是「痛苦」的抉擇。

老闆遷廠　員工遭殃

以生產喇叭紙膜、主要供應歐美高級音響製造商的太中實業公司，一九九八年設廠滿二十五年時，公司突然關廠歇業，拖欠十五名女工退休金、資遣費伍佰萬元，勞資雙方多次協商破裂，一位資深女工紅著眼睛表示，她將一生的青春歲月都給了公司，面臨退休前夕卻遭惡意遺棄，中年轉業困難，造成許多家庭生活陷入困境。這些員工只好在當年八月二十八日

遊街抗議，也許太中公司的員工只能癡癡地期待老闆這一句「待三重市工廠用地出售後才給錢」的諾言實現，從無到有，購置廠房；從有到無，變賣廠址，老闆的一生爲誰辛苦、爲誰忙？

景氣不佳　廠商應變

台灣高科技的搖籃與聖地——新竹科學園區撐起了台灣近二十年來景氣持續拉長紅的半邊天，隨著一九九七年亞洲金融風暴的侵襲，一九九八年日本桃太郎泡沫經濟崩潰的威力掃蕩，消費者採購的漸趨保守與節儉，使得園區內的半導體業者面臨接不到訂單的「空巢期」，或「慘不忍睹」的賠錢訂單，一些廠商爲了不讓「半導體」成爲「半倒業」，在唯有先安內才能攘外的策略下，有些廠商在不裁員下，實施「顚三倒四」的工作三天、休息四天的度小月作息外，一些大廠商的老闆也學習「反敗爲勝」的艾卡特，在接掌營運不佳，正處於瀕臨倒閉邊緣的美國克萊斯勒汽車公司總裁時候，除了採行許多新作法以改善企業體質增進汽車銷售量外，艾卡特自己率先減薪，終於使得克萊斯勒公司浴火重生，再度擠入全球五大車廠之一。

減薪措施　老闆帶頭

反觀國內，接任世界先進公司總經理盧志遠於一九九八年八月初經由電子郵件信箱傳達給員工的一封信，說明公司廠、處長將自八月一日起調降薪水百分之五，副總裁、總經理調降薪水百分之十，以示主管階層共體時艱的決心，共度黎明前的黑暗；另一廠商德碁半導體公司在八月二十六日「再造誓師大會」上，董事長施振榮宣布率先降薪百分之三十，各級高級主管減薪幅度依序爲：總經理減薪百分之二十，副總經理減薪百分之十，處長級減薪百分之五，成爲當年園區第二家實施高階主管減薪的DRAM（動態隨機存取記憶體）廠商，老闆帶頭減薪，給員工有強烈的危機意識，凝聚員工的向心力，才能在景氣復甦時能以「輕裝師」的競爭優勢攻占市場，就如同日本在前二次面臨石油危機時，各商社採用的減薪策略，成爲風靡一時「日本能，我們爲什麼不能？」的學習典範。

減薪風暴　飛機停飛

國內航線及航班最多的復興航空公司，一九九八年八月二十四日六十七位機師因被減薪和資方鬧僵，集體請辭，並自當日晚間十一時生效，晚上十一時是一般人睡覺的時間，老闆

徹夜未眠，要面臨明晨無「駕駛員」開機的應變措施；八月二十八日夜晚十一時許，復興航空的老闆，才與交通部次長商談「善後」問題，以臉色凝重的心情步出交通部大門，這一事件對復興航空造成金錢、信譽的損失已難以估計，如果因「薪」事而讓駕駛機師無「心」開飛機，豈不是拿乘客的生命當賭注，萬一操作時「分心」而發生「機禍」，老闆豈不是豬八戒照鏡子，裡外不是人，毀了公司，也毀了家。林老闆曾向記者激動地表示：「他是一個沒有色彩的人，如果連這塊土地（指復興航空）還是失去，他也無所謂了。」語中帶有無奈，也道出了企業老闆在為企業振興起弊的關鍵時刻，所遭遇到的阻力與無力，員工您能體諒老闆的心情嗎？這時候老闆需要員工給他「關愛的眼神」，平常員工需要老闆給予激勵，這時候老闆需要員工給予肯定與支持，覆巢之下無完卵，如果勞資雙方有此共識，戒急用忍，老闆與夥計共同協力度過這「鬱卒」的不景氣。

藍色燈號　鬱卒徵兆

記得在一九九八年當行政院經建會公布當年七月景氣對策信號出現「藍燈」，也就是國內景氣進入「黃昏期」（衰退期）時，大家都在猜測藍燈會亮多久，當時的政府官員說：「未來三個月恐怕仍然是藍燈，短期內景氣不會好轉。」這樣的訊息，對八月二十六日全國總工會（全總）、全國工業總會（工總）、全國商業總會（商總）三方對基本工資調升的勞資協商形成壓力，資方的工總、商總的代表要求當年基本工資不調升，但全總要求雇主將不調薪節省下來的錢必須「嘉惠勞工」，並做出具體回應。

掏空資金　反勝為敗

在這「藍燈」的日子裡，如何讓企業體質脫胎換骨，趕快「勇」起來，是當務之急，現階段老闆要讓員工能「溫飽」過日子，不要讓「員工」成為「失業」的一群，這是當老闆的社會責任與崇高的理想實現；而員工是要抱著「有緣來做夥」，集中心力，群策群力，創造業績，做一個有附加價值的員工。因為企業不是救濟院，企業的利潤是全體員工共同創造的，有利潤就有福利，沒有利潤就沒有企業，「嘉惠勞工」也許要等待亮藍燈轉黃藍燈再逐步實現，而不是急於一時，台灣俗諺說「吃緊弄破碗」，值得警惕。

女工識大體　希望跟著來

南韓一九九八年七月份失業率為百分之八點六，失業人口達一百六十五萬人，雖然韓國各地的失業人街頭抗爭不斷，可是有一家公司在牆上貼上的標語是：要有創新（Creativity）；

要有挑戰精神（challenge），要爲了下一代犧牲（Sacrifice）。當東元電機黃董事長看到這些標語時，很好奇的問那家公司的員工，如何爲下一代犧牲，這位工人說：「從今年開始，公司員工只領本薪，這只是往年薪水的七成，不過這些欠的錢，公司會記得帳，如果三年後公司又賺錢，就優先還給員工，這家公司還在，我還有工作，不會失業，我願意這樣做，我們大半的員工也願意這樣做。」

勞資牽手　美夢成眞

韓國的勞工能，最有韌性的台灣勞工更能做到，只要勞資攜手合作，共築夢想，讓老闆少煩「薪」事，在無後顧之憂下，開疆闢土，一旦景氣復甦，將爲企業帶來可觀的盈餘，勞資共享成果，美夢成眞。

（本文發表於《勞工行政月刊》第一三八期，一九九八年十二月二十五日出刊，二〇〇一年三月十日修稿）

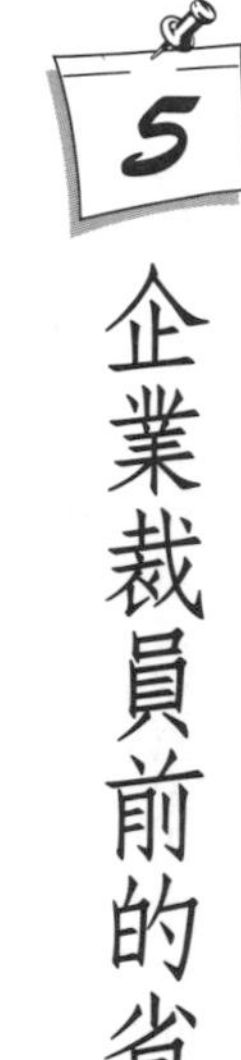

企業裁員前的省思

根據美國惠悅（Wyatt）顧問公司調查了美國一千零五家在最近五年內進行組織規模縮減之企業，在縮減裁員後，只有：

- 約百分之四十的公司達到降低成本的目標。
- 約百分之三十二如預期地增加利潤。
- 百分之二十二達成了生產力的預期目標。
- 百分之十三達成銷售目標。
- 百分之九達成了產品品質目標。

從這些數字的達成率可以了解到透過減縮組織規模的裁員行動，充其量只是短期的成本降低的顯現，對長期的組織績效或獲利水準，以及產品品質、市場擴充並無太大好處。（註一）

資遣　開除　辭職

勞動契約的終止，如勞方無過失，而由資方主動提出解約，即勞動基準法所謂的「資遣」，亦即一般人俗稱的「裁員」，資方需要給與勞工金錢上的補償；勞工如因違反雙方約定勞動契約規範之紀律與廠規，情節重大有事證而被迫離職者，俗稱為「開除」，資方是不需要給與金錢上的補償；至於勞工因私人事情而在規定期間內向資方提出解除勞動契約者，除非雙方所簽訂之契約有限制勞方離職之但書約定者，勞方是不需支付資方費用，即一般所稱的「離（辭）職」。

終止勞動契約　各種情況多有

理論上，勞動契約的終止須有一定的事由（原因），一般常見之情形如下：

一、契約當事人之同意

勞動契約均得隨時因當事人的同意而終止。

二、契約當事人之一方（資方或勞方）之意思表示

勞動契約係因勞方之意思表示而終止（辭職）；或係因雇主之意思表示而終止（解

雇），例如勞動基準法第十一條（雇主須預告使得終止勞動契約的情形）、第十二條（雇主無須預告即得終止勞動契約的情形）之規定事由。

三、勞動者之退休

勞工於工作一定期間或達一定年齡後退休而終止勞動契約，例如勞動基準法第五十三條（勞工自請退休之情形）、第五十四條（強制退休之情形）之規定。

四、勞動者死亡

勞工在職死亡時，雇用契約自然終止，此乃權利義務的主體（勞方）已不存在，契約關係當然終止，無法再履行。

輿論同情弱者　資方動輒得咎

從上述說明中，在終止勞動契約方面，「資遣」也好，「裁員」也好，勞動契約的終止，法律約束雇主多於勞方，而勞方在社會上被認爲是「弱勢者」，因而企業在進行「瘦身」時，輿論少給企業掌聲，對勞工的「失業」處境，則競相報導，帶給企業負面的形象。

經濟大恐慌　ＩＢＭ未裁員

國際商業機器公司（International Business Machines Co., Ltd. 簡稱 IBM）在一九三〇年代經濟大恐慌時，它也直接遭受到大恐慌的洗禮，很多賣不掉的機器都冷藏在倉庫中。當時企業的經營者都徬徨得不知該如何處理這些庫存，只有考慮裁減人員來減輕公司的經濟負擔。然而湯瑪士・華特生對這件事不但隻字未提，而且也絲毫沒有縮小經營的意圖。

當時美國政府爲了做人口普查，正積極購買計算機。如果當時的政府知道ＩＢＭ公司的倉庫存著那麼多賣不掉的電算機，也許就會對這些機器的價格大加討價還價了。

「我們想要購買大量的電算機，能如期交貨嗎？」政府官員擔心地問。

「竭盡全力，努力生產，一定能如期交貨的。」湯瑪士・華特生很平靜地回答。

在大恐慌的顚峰時期，ＩＢＭ可說是最幸運的幸運兒了。在那艱困的經營環境中，湯瑪士・華特生一口氣就使公司復甦了。（註二）

英特爾度小月　裁員不在其內

由於受到經濟減緩及個人電腦滯銷的影響，英特爾（Intel）在二〇〇一年二月間發布對

人事將採遇缺不補，且只對「重要職務」限額聘用，研發及資本支出的預算仍按目標維持不變，但可自由裁量的費用，如加班及差旅費將縮減百分之三十，高階員工的調薪要到秋季，非管理階層員工的調薪在春季調一半，秋季再調一半。希望藉著這些撙節措施能省下「數億美元」，但裁員不在計畫之內實施，以度過這波不景氣。（註三）

企業再造眞諦　用人政策急轉彎

企業再造的眞正目的，是在改變員工心態、精簡組織、提升效率、節省成本，以及增強競爭力。因此企業在裁員之前，必須先將「資遣員工」列爲是振興企業營運諸多措施評估無效，在「無計可施」之後，必須將「瘦身」送上「手術台」，才能讓企業「妙手回春」，這是迫不得已的最後手段。

企業在裁員之前，下列的方法可提供企業主做爲參考運用的處方：

一、人事凍結（遇缺不補）

停止招募活動，重新做人力盤點，增加在職員工工作量，實施跨部門員工的互調或支援工作。

二、限制加班時數

工作重新安排，讓人人有工可做，不要形成忙者照忙，閒者照閒。

三、重新訓練員工

企業經營轉型前，對新技術的傳授必須落實在員工身上。企業發生經營危機，就是現有組織成員對顧客需求無法滿足的後遺症，訓練可讓員工脫胎換骨，貼著顧客的需求去尋求突破。

四、雇用臨時工

雇用臨時工，對人事成本的控制有「立竿見影」之效。企業對一些非核心專長之工作人員，就不需要背負「隱形」的人事成本，諸如退休金、資遣費等支付。雇用臨時工，有多少工作，做多久，給多少錢，「銀貨兩訖」，了無糾葛。例如美國聯邦快遞公司人力資源部資深副總經理詹姆士・波金斯（James Perkins）曾說：「業務尖峰時期，我們增加兼職人員的工作時數，並不增聘全職員工，這麼一來，尖峰時期一過，總工時數雖然減少了，我們還是不需要裁員。」（註四）

五、聘請顧問

從短期費用支出而言，聘請顧問費較雇用全職員工費用要高，但顧問所擁有的某一類專

長，以及對專業問題了解的深度與廣度的見解，非一般員工三、五年能訓練出來的。因而企業如何有效運用外在顧問的「智能庫」（Know-how），來協助企業在短期內建立有效組織、技術、業務運作的最佳流程。企業要「找對」顧問、「做對」事，讓顧問將一些專業知能移植到企業內生根茁壯，而不需要長期負擔「高價位」、但有「階段性」任務的職務。

六、安排休長假

國內長億集團投資的「月眉育樂世界」，因其遊樂設備馬拉灣水上世界，從入秋後進行季節性的休園，待春天來臨，擴大營業，休園期間可減少費用開支，在旺季時就不會為「招兵買馬」而愁，怠慢了遊園的顧客。（註五）

七、降薪

雖然降薪不是資方一廂情願可決定的，但企業經營困境要度過難關，先決條件是不能發生「跳票」，而人事成本往往是占企業營運費用的最大宗支出，以旅館服務業而言，人事成本占費用總支出成本的百分之二十八至百分之四十為宜。因此資方與勞方商量降薪的配套方案，要共同體認到「覆巢底下無完卵」的現實面，共體時艱，他日生意興隆，加倍補償企業艱困期間勞方損失的薪餉。降薪策略應採取較高階者減幅較大，基層或低階員工減幅較小，甚至不減，以維持基層員工之基本生活需求不缺。

八、縮減績效獎金

據報載，由於二月份過年，醫院門診、手術相對減少，健保局又祭出多項嚴格控制財務支出的措施，使得台北榮民總醫院在二〇〇一年三月份起，全院除了醫師之外的護理人員、行政人員，一律將每月的「績效獎金」依職等分別減少二千到五千元，至於醫師未在減薪之列，是因爲和其他醫院相較，該醫院的醫師薪水不算高，但原本該院醫護人員的薪水在全國是數一數二高，起薪約有五萬元，因此才從護理人員和行政人員酌減，以咬緊牙根度過「季節性」的影響。（註六）

九、實施優退計畫

台灣糖業公司爲了企業瘦身計畫，首開由在職員工提撥工作獎金給離、退人員做爲獎勵金，在二〇〇一年開春，就有五百二十三人提出申請，創下台糖歷年來離、退人數最多的紀錄。根據台糖人事室初估，五百二十三人人提前退、離職後，平均每年將可減少七億餘元的人事成本，對於提升競爭力與公司人事的新陳代謝有不少幫助。（註七）

資方片面解約　合法五大理由

由於勞方是「弱勢團體」，因此勞動基準法對資方主動提出終止勞動契約，有下列五項

規範，闡釋如下：

一、歇業或轉讓時

歇業是指廢止、終止所經營之事業，也就是「關門大吉」；轉讓是指營業轉讓。

二、虧損或業務緊縮時

虧損係指營業年度觀察之結果，非指短期虧損現象。以業務緊縮為由，應斟酌客觀上有無緊縮之必要性以及要解雇那些勞工。

三、不可抗力暫停工作在一個月以上時

不可抗力係指天災、地變，非由於雇主之故意過失所發生之「人禍」而言。例如非由於雇主之故意過失之火災，致事業場所消滅；因法令施行修正，致工作無法再進行；因電力供應中斷，使工作停止。不可抗力暫停工作在一個月以上，指事實上已停止工作達一個月以上，如僅預計停工一個月以上，而事實上未達一個月以上，則與法律規定不符。所謂「暫停工作」，包括「全部停工」及「一部停工」。

四、業務性質變更，有減少勞工之必要，又無適當工作可供安置時

業務性質變更，包括變更公司行號章程所訂事業項目；將登記事業範圍中之甲項變為乙項，例如某建設公司鎖定營業項目為：興建大廈公寓、出售、出租、建材製造加工，事實上

僅進行興建大廈雇用勞工，後來改經營建材之製造加工；生產產品改變，例如生產鐘錶改生產電腦；生產技術變更，例如將手工生產改自動生產等。

五、勞工對於所擔任之工作確不能勝任時

勞工不能勝任工作之情形，包括勞工陷於不能工作之狀態，例如因年齡太大、受傷、罹病等，惟如勞工因長期在該企業內工作，雇主有調整職務之義務，因傷病短期不能工作，則不能解雇，須長期不能工作始可；勞工雖提供工作但不合於契約要求，亦即勞務限於不完全給付，其原因有勞工懈怠、欠缺新技能等。（註八）

不能勝任工作　最高法院有判決

根據最高法院之判決要旨指出：「不能勝任工作」，不僅指勞工在客觀上之學識、品行、能力、身心狀況不能勝任工作而言，即勞工主觀上「能為而不為、可以做而無意願做。」違反勞工應忠誠履行勞務給付之義務者亦屬之（註九），以及「確不能勝任工作」，非但只指能力上不能完成工作，即怠忽所擔任之工作，致不能完成，或違反勞工應忠誠履行勞務給付之義務亦屬之。（註十）

從上述勞動基準法第十一條（雇主須預告使得終止勞動契約的情形）規定分析，第一項

至第三項是企業經營發生困難，而第四、五項則屬於技術性或組織性的調整，且都屬於情勢變更，以致於雇主不需要員工繼續服勞務的情況，但這些理由因勞工並無過失，雇主應依勞動基準法規定給付資遣費與預告離職時間，以維持勞工另謀工作與失業期間的基本生活開銷。

雇主從寬操作　勞資爭訟不斷

雇主在「裁員」後，往往會官司纏身，就是被離職的員工認爲「非法資遣」，不符合上述法律之規範資遣員工。資方裁員條件從寬「操作」，而勞方不服因而爭訟「反敗爲勝」機會，在勞動爭議案件歷年資料中的統計，是「平分秋色」，值得企業主在「裁員」時深思與謀斷，不能只憑主管一時之好惡「砍人」交差了事，否則雇主要顧「裡子」，又要顧「面子」，最後落得兩頭空。

裁員是一帖猛藥　用藥前要沈思

裁員是一帖猛藥，用藥過量或不愼使用，對企業的體質是有危害的，溫和的藥方是勞資雙方必須相互體認「合則兩利，分則兩損」。透過勞資雙方的良性溝通，共體時艱，「各退一步，海闊天空」，畢竟待景氣復甦後，企業還需要到就業市場「獵人頭」，找人重新訓練，

還要付出一定的人事「重置」成本，不如用減薪、減時等方式，把人留下來，值得勞資雙方思考。

註釋

註一：黎維山，〈裁員縮編不是萬靈丹〉，《經濟日報》，一九九九年三月十三日，二十六版。

註二：龜岡大郎著，許曉華譯，《IBM的人事管理》，卓越文化事業公司，一九八六年三月，十四版，頁一六。

註三：詹姆斯．魏樂比（James C. Wetherbe，PLD）著，張瑞林譯，《聯邦快遞——準時快遞全球的頂尖服務》。

註四：《聯合報》，二〇〇一年二月二十二日，二十一版。

註五：《工商時報》，二〇〇〇年十二月二日。

註六：《聯合報》，二〇〇一年三月十三日，六版。

註七：《聯合報》，二〇〇一年一月九日。

註八：唐維德，《現行勞資關係互動與法令實務宣導會講義》。

註九：〈高等法院八十六年度台上字第八二號判決文〉。

註十：〈高等法院八十六年度台上字第六八八號判決文〉。

6 裁員犯規，老闆該當何罪？

二〇〇一年一月，在台北市設廠之事業單位，因資遣員工依照就業服務法的規定，向台北市政府勞工局事前通報資遣的廠家與勞工人數急速增加，許多知名企業均名列其中，資遣最多的是民營化的《台灣新生報》，資遣人數高達三百七十人，而荷蘭銀行資遣八十二人，國際綜合證券資遣六十人，榮民工程公司資遣六十六人，台灣奇摩站資遣二十六人，時碁網路資遣三十一人，以及中國國民黨台北市委員會資遣二十一名員工，在開春後都算是規模頗大的資遣動作。這些「守法」企業主就沒有像「明日報」接到市政府的一張罰單。

裁員毫無預警　勞工自求多福

二〇〇〇年雅虎公司併購台灣奇摩站之際，奇摩站在當天正午將舉行記者會宣布之前二個小時，才針對內部全體員工召開會員大會宣布此事，包括奇摩站執行長身邊的重要幕僚，

都在會員大會上才知情。

二〇〇一年二月二十二日早上，台灣第一份網路原生報「明日報」也採取雅虎公司併購台灣奇摩站之模式宣布停刊。董事長在員工大會上宣布正式解散，並向所有員工、股東道歉，承認這是一個錯誤的號召，讓所有人投入這場任務艱鉅而又生不逢時的大實驗。事後，一位被資遣的記者對採訪的「記者」表示，他在被資遣的前一晚臨睡前，接到其他同業詢問的電話時，才知道「明日報」要停刊，對於自己先從同業知道自己的命運深感不滿，也認爲明日報不該棄員工生計於不顧。

以驕傲起家，以尊嚴結束

雖然「以驕傲起家，以尊嚴結束」的該報社已發給員工的資遣費與預告工資，確已克盡雇主與勞工間的義務，但該報社未循「資遣通報系統」在七日前告知勞政主管機關及公立就業服務機構，違反就業服務法第三十四條規定，嚴重影響勞工權益，台北市政府勞工局乃對「明日報」開了一張新台幣三萬元的罰單。

公法上制裁　私法上制裁

國家為行使法律制裁權的主體，受法律制裁者為違反法律規定的人民，包括自然人及法人，亦稱為受法律制裁的客體。法律的制裁必須由有權代表國家行使其制裁的機關或公務人員，依法行使制裁權。

構成法律制裁的原因是違反法律的事實，而這種違法的事實有屬於公法者，又有屬於私法者，故法律制裁可以分為公法上的制裁與私法上的制裁。公法上的的制裁又分為刑事制裁（死刑、無期徒刑、有期徒刑、拘役、罰金）與行政制裁（行政罰、行政秩序罰）；私法上的制裁即所謂的民事制裁。

雇主裁員犯規　罰則從輕發落

雇主違法資遣員工，牽涉的法律有勞動基準法、就業服務法及勞資爭議處理法三種，這三種法律在罰則中規定最重的處罰，在刑事方面只限於「罰金」，罪狀輕微。至於行政罰則有行政相關單位依權責告發，繳交罰鍰，金額不多，對違法老闆之約束力有限。

下列就雇主在裁員時，違反勞動基準法、就業服務法及勞資爭議法之處罰規定臚列如

下：

一、勞動基準法

・雇主除因天災、事變或其他不可抗力致事業不能繼續，經報主管機關核定者外，違法將產假中分娩者，勞工受傷或罹患職業病在醫療期間者資遣，科三萬元以下罰金。（第十三條）

・企業資遣員工，未依被資遣員工之工作年資給付資遣費，科三萬元下罰金。（第十七條）

・勞工符合退休規定，雇主未按勞工工作年資計算給與退休金者，科三萬元以下罰金。（第五十五條第一項）

・企業資遣員工，未事先依被資遣員工之工作年資在資遣前十日、二十日、三十日告知勞工，即予以終止契約，又未發給預告期間折合的工資，處二千元以上二萬元以下罰鍰。（第十六條）

・被資遣員工如請求發給服務證明書，雇主或代理人拒絕發給，處二千元以上二萬元以下罰鍰。（第十九條）

・雇主未按規定就當月雇用勞工投保薪資總額及規定之費率，繳納一定數額之積欠工資

墊償基金者，處二千元以上二萬元以下罰鍰。（第二十八條）

・雇主未按月提撥勞工退休準備金專戶存儲，處二千元以上二萬元以下罰鍰。（第五十六條第一項）

二、就業服務法

・雇主資遣殘障員工時，於員工離職日前，未依法將被資遣員工之姓名、性別、年齡、住址、擔任工作及資遣事由，向當地主管機關及公立就業服務機構通報者，處新台幣三千元以上三萬元以下罰鍰。（第二十九條第一項）

・雇主資遣員工時未依法於員工離職之七日前，列冊向當地主管機關及公立就業服務機構通報者，處新台幣三千元以上三萬元以下罰鍰。（第三十四條第一項）

三、勞資爭議處理法

・勞資爭議在調解或仲裁期間，資方因該勞資爭議事件而歇業、停工、終止勞動契約或爲其他不利於勞工之行爲者，處二萬元以上二十萬元以下罰鍰。（第七條）

事業單位大量解雇勞工保護措施

從上述的罰則可清楚看到，法律對雇主在非法資遣員工是「從輕發落」的，因此行政院

在一九九九年九月九日發布「事業單位大量解雇勞工保護措施」，對於事業單位關廠歇業或大量解雇勞工，未依法給付勞工工資、資遣費、退休金等致發生爭議，採行下列對雇主的限制：

一、限制負責人出境或追緝返國

經行政院勞工委員會認定重大勞資爭議事件，將函請法務部調查局調查，如涉有重大經濟犯罪，請調查局函請內政部警政署入出境管理局依法限制相關負責人出境；如相關負責人已潛逃出境，案經司法機關通緝，函請調查局透過追緝外逃經濟犯罪協調小組予以追緝回國。

二、優先解雇外籍勞工，審核或凍結外籍勞工引進

有大量解雇本國勞工至發生重大勞資爭議事件之事業單位，如留用外籍勞工所擔任之工作，本國勞工有能力且願意擔任者，由當地勞工行政當局立即辦理外籍勞工轉換雇主；另對其負責人所經營之其他事業，如有引進外籍勞工者，亦應立即報請行政院勞工委員會嚴予審核其外籍勞工之招募、聘僱或延展案件。

三、嚴審上市、上櫃案

行政院勞工委員會定期提供發生勞資爭議事業單位之負責人名單給財政部，由財政部證券暨期貨管理委員會對負責人所經營之國內其他相關事業，於申請上市、上櫃之審查時，從嚴審查其負責人之誠信問題，情節重大者，得不准其上市、上櫃。

四、嚴審投資案

經濟部於審核事業單位或工廠在大陸重大投資案時，應就行政院勞工委員會不定期函送曾發生勞資爭議之事業單位及雇主之資料，嚴加審查。

五、加強與稅捐稽徵作業結合

事業單位全部或一部或暫時結束營業或大量解雇致損害勞工權益，行政院勞工委員會應加強與稅捐稽徵機關聯繫。事業單位如有欠稅情況，稅捐稽徵機關應依稅捐稽徵法令規定辦理限制單位負責人出境等稅捐保全措施，以保全稅捐及保障勞工權益。

六、加強勞動檢查

勞動檢查機構應針對勞工之權益保障相關部分，加強勞動檢查，對於違法之事業單位，應即通知各級勞工行政主管機關依法處理。（註一）

曲折的職涯　浪擲了青春

座落在宜蘭縣龍德工業區的天×工業公司第五廠的六十多名員工，在二〇〇一年一月十六日無預警接獲廠方通知，將被調職到另一聯防事業部門，擔任業務推廣工作，而未報到者視同自願離職，只發給一個月離職金與覓職金，明顯可看出公司以調職為由，片面解雇員工，將嚴重影響員工生計，並違反勞動基準法規定。員工乃向資方提出希望公司能依法發給預告工資、遣散費、離職證明書及收購員工所持有公司股票等，但未得到資方正面肯定答覆，因而引起了軒然大波；翌日有人在工廠大門前拉白布條抗議，縣政府出面與廠家協商，因經理無權處理，協議由總公司派人處理；隔天總公司派人來協商仍無法全權處理，打電話給老闆，據說老闆竟撂下狠話：「法庭見。」第三天除有四十多名員工外，還有人起鬨帶著老弱婦孺和比較兇的人一起到台北縣新店市該公司總部前拉白布條抗議，老闆出面與抗議代表進行溝通，先用哀兵策略，推說全是經理自己說的與他無關，經溝通後，初步達成協議，調職員工將可獲得續留現職、接受新職、自願離職等三種選擇，抗議員工乃決定取消當日前往行政院勞工委員會陳情行程而返回宜蘭，等待老闆擇日親臨宜蘭廠與廠內員工進行實質溝通。事後，該廠有一位女工投書報社，她說：「老闆投資大陸以致縮減台灣的工人，本無可厚非，但是應依法行事，不要耍花樣，只給一個月覓職金，遣散費免談，實在說不過去，其實只要有誠意，怎會演變成抗爭。」（註二）

裁員無可厚非　體諒員工痛苦

廣達電腦公司董事長林百里認爲：「裁員對企業不見得不好，裁員後人事成本降低，可望有助獲利提升。」（註三）誠斯所言，但願企業主在決定裁員的那一刻，想到美國學者貝瑞納（Harvey Brenner）曾就失業對美國社會的衝擊進行研究之評估報告指出，非自願性失業的痛苦僅低於坐牢、喪偶，是人生中最痛苦的境遇之一。（註四）

企業裁員不要讓員工「驚嚇」後馬上「處決」，讓員工「走得不甘心」，這是「殘忍」而不是「仁慈」，企業主啊！愼思之。

註釋

註一：「事業單位大量解僱勞工保護措施」，自民國一九九九年七月一日開始實施至二〇〇四年十二月三十一日止。

註二：《自由時報》，二〇〇一年一月二十日。

註三：《經濟日報》，二〇〇一年二月二十四日，三版。

註四：《中時晚報》，二〇〇一年二月二十三日，三版。

第二篇

人事主管謀略

1 裁員，裡外不是人的人事主管

《日本文摘》曾刊載一篇〈人事部長的悲劇〉的報導，描述一家擁有八百名員工的中堅企業，在董事會決定裁減八十名員工後，董事長命令人事部長與工會交涉，以取得工會的同意。這位人事部長雖然向工會的三長說明公司的立場，但也提出忠告：「站在工會的立場不應該答應。」未料其中一人竟向董事長打小報告，人事部長因而受到董事長嚴厲的責罵，被要求「負起責任」的人事部長，立刻自己結束了五十七年的生命。

豬八戒照鏡子　裡外不是人

企業在裁員的關鍵時刻，人事主管如偏袒勞方，可能「以身殉職」，但如果偏袒資方，則可能「遺臭數年」。下列這個例子是曾經刊載在《商業周刊》譯自《經濟學人》的一篇報導〈不能開除，逼你自動走路總可以吧！〉文章中的一段實錄：

一開始可能只是一句刺耳的評語或是一時疏忽。接著，某日下午，一位大學畢業就進公司的中級主管發現，辦公室女職員每天準時奉上的綠茶不見了。一個星期後，例行的晨間會報，沒請他列席就開完了。接下來，桌上的電話不翼而飛，然後，電腦也消失無蹤。

突然之間，所有同事都忙得沒有空跟他共進午餐。公司內部活動通知怎麼也到不了他的桌子。最糟的是，終於有一天他的桌子也不見了。

日本的法律使得雇主很難開除員工，因此這種「集體排斥」的裁員方式，透過人事部門的精心佈置，在日本相當盛行。

再來看一則日本企業出閒招，逼員工辭頭路的報導。

人事室變禁閉室　裁員出閒招

日本電玩大廠世嘉（SEGA）株式會社，在一九九八年十二月一個又寒冷又下雨的星期一早上，一頭捲髮，個性倔傲的阪井先生被他的頂頭上司告知，他的工作可能不保，並希望阪井能自動辭職，如果辭職，公司將給予二百六十萬日幣的資遣費，但阪井自認爲表現良

好，因此拒絕辭職。

三天之後，阪井被上司通知，將辦公室所有個人物品收拾回家，並向世嘉總部一間名爲「人事室」的辦公室報到，當阪井走進這間辦公室時，發現這一房間擺設極爲空蕩又寂靜，房內除了一張桌子、三張椅子、一支只能接聽不能打出去的電話和牆上的一個掛鐘外，沒有任何的陳設，猶如軍中「禁閉室」。

他每天早晨八點三十分準時上班，直到下午五時十五分準時下班，這中間有五十五分的午餐時間。公司規定他不准帶任何私人物品到辦公室，一整天電話幾乎從來也沒有響過，他常常盯著牆上的掛鐘，心想離五點十五分還好久啊！

到了三月間，阪井的公司正式開除他。三月二十五日他向東京法院控告世嘉公司，要求恢復原本工作與薪資。

對於他這幾個月被「軟禁」之痛苦，有人問他爲何不辭職算了，他以堅定的語氣說：「如果我說『好，我辭』，那麼比牛馬都不如。」（註一）

「人事室」掛牌成爲「禁閉室」，人事主管眞的不好當。勞資糾紛時，如果勞方「鬧」到法院時，上法庭作證，人事主管有一份差事要做，就是「避重就輕」答覆法官的問話，以維護公司權益，在庭上的「狡辯之言」，事過遷境後，偶爾想起還會臉紅的。

再把鏡頭轉到國內，來看一件企業部分被「購併」案，人事主管居中協調的苦境。

穿上工作服　添加抗議背心

國內某家中外合資的電子公司，總經理是外方指派來擔任的，因營運政策調整，資方欲將廠房、生產設備及二百六十餘位生產部門員工，全數概括移轉給國內某大知名廠商購併，在被購併之賣方，與買方所談的「陪嫁」員工之條件，是以轉移到新公司的員工年資雖可接續，但必須減薪百分之十五，另以季獎金制度彌補，而員工唯一可以「有償求去」的機會，只有在二〇〇一年十月一日移轉一年屆滿當天，適應不良者得領零點六個月的離職金，也就是低於勞動基準法資遣費的標準。(註二) 因而資方與工會鬧僵，曾先後三度進出縣政府勞工局協調，在官方介入調解無功而返，雙方人馬又回到當初談判的原點。

由於資方始終堅持不妥協、不讓步，工會乃召開臨時大會，決議全體員工手綁白布條上班，甚至一些工會員工在上班時間穿著印有「抗議」字樣的背心在工作場所遊走，做「無言的抗議」，氣不過的員工在協調會上更對人事主管大罵不堪入耳的「漢奸」。後來透過立法委員的出面協調，資方乃採三種選擇條件（公司結算年資、保留年資、留在公司），讓員工自我選擇，決定留或不留，人事主管之處境眞應驗了中國俗話說的「豬八戒照鏡子，裡外不是

人」的窘境。

有人就有事　心中一把尺

的確，人事主管在企業裁員過程中，是必須要有堅持「是非」的道德勇氣，手心手背都是肉，依法行事，依理論事，依情辦事。下列幾項重點，是身為人事主管在處理裁員時應有的態度與觀念：

- 企業如果在沒有虧損狀況下裁員，應建議酌予提高資遣費給付的標準。
- 參考同業間資遣費給付的標準。
- 資遣費應按年資、年齡在勞基法規定的給付標準下，酌量增加給付的比例。中高齡失業者，因恰是家庭子女教育費負擔最吃重的時期，多給付一些資遣費（如企業財務負擔允許下），幫助這些離職員工度過較長待業期間的生活困境。
- 了解法律對資遣員工的金錢補償規定真諦，勞基法規定是「最低標準」（第一條）。每家企業體質不同，資遣條件給付也就會不同。
- 不要欺瞞員工，不要嚇唬員工，裁員規定在網際網路上大家都能找到資訊，如果「依法辦事」，人事主管已無專業可言，人事主管要多一份「憐憫之心」。

・計算資遣費的明細要用書面寫清楚或說明白，坦然面對員工的質疑。

・對員工而言，被裁掉並不可怕，只當做是人生職場上的一次挫折，但他們最怕的是主管踐踏其人格、自尊。少數主管會對那些留下來的人，「散播」原先是他們的好同事的「劣績」，用以自我安慰其裁員不公、心裡不安的推託之辭，應該儘量避免類似之情形發生。

・對經營者不合理的裁員策略，人事主管必須要有分寸的「據理力爭」，才不會企業在經營一帆風順時，人事部門口口聲聲爲「員工服務」，一但企業經營逆境需裁員時，卻馬上變臉成爲「劊子手」，落井下石。

・對政府補助失業者的措施要清楚的告訴這些被裁員工，讓他們對「原東家」失望無助時，能求得政府的協助，幫忙他們度過個人職涯的黑暗期。

・人事主管要清楚告訴各主管，裁員的執行是部門主管的職責，人事主管在裁員行動中提供勞資雙方均能「勉強接受」的資遣配套方案，包括裁員的執行細節，以及裁員過程中的諮詢角色。

・人事主管要教導主管裁員面談的技巧，才不會各主管各彈各的調，讓被裁者踏出廠門外，直奔勞工局申訴或到法院遞狀子，讓在職者「暗笑」或「暗助」離職者的事後行

動，使留職者在下一波被點名裁掉時，獲得較好的「收入」。

・被裁員者離開企業後要當「客人」看待，裁員牽涉到員工的生活、自尊，所以不能採取公事公辦的態度。他日有他廠來作個人徵信調查時，應針對其人在工作上的優點「美言幾句」，除非犯錯被開除，否則裁員不是員工的錯，被裁員工是無辜的。

告別行政的人事　迎向顧問的人資

新一代的人力資源部門應將自己定位為「企業的內部顧問」，嘗試以超然客觀的立場，解決組織內部的問題，包括組織再造、企業重整，以及部門調整等策略性的工作，跳脫「根深柢固」的還停留在辦理人員之招募、記錄出缺勤、計算薪資，以及從事考核等「只給藥吃，不詳細問診」的行政性工作。

如果人力資源主管在執行組織裁員計畫時，多一些人性、多一些體諒、多一些關懷與支持、多一點哲理，情況應該會改善。這種離職之苦，假若能在同理心的溫暖感受中進行，人事主管處處能用尊重給予協助，為離職者多方設想出路，就像為自己找出路一樣地認真，應會使所有的裁員計畫減少些阻力。一旦「大禍臨頭」，自己被老闆解雇時，更必須拿出足夠的冷靜，像一位合作的病人，在療養中找尋生命的新契機。（註三）

註釋

註一：《工商時報》，一九九九年九月十五日。

註二：《中國時報》，二〇〇〇年八月三十日。

註三：彭懷眞，〈人資主管被裁員〉，《管理雜誌》，三二〇期，二〇〇一年二月。

2 企業購併，人資主管何去何從？

自一九七〇年代以來，一種新的企業組織型態已逐漸嶄露頭角，基於擴展新市場，產品、服務多樣化，取得新技術與其他資源，營運彈性，分擔風險等考量，企業紛紛開始精簡自身的組織規模，將大部分的生產活動釋出，部分業務外包，或是與其他企業策略聯盟、合夥，甚至進行購併，企圖構織出彈性更大的生產網路系統，於是企業瘦身、企業購併蔚為風潮，尤其在不景氣的年頭，更是助長這股聲勢，世界知名大購併的汽車業，如戴姆勒與克萊斯勒的合併；高科技的康柏電腦與迪吉多電腦等，而國內如京華與元大證券的合併案。

人人沒把握　個個有希望

根據 Stephen P. Robbins 研究指出，員工會抗拒組織變革的理由有下列五項：

・習慣（例如：由國營企業轉型為民營，員工所習慣之經營模式勢必不同）。

．安全（可能面臨裁員的疑慮）。
．經濟因素（民營化後可能減薪之疑慮）。
．對未來事物的恐懼感（對前程規劃一無所知）。
．選擇性的變革資訊（只吸收對自己有力的資訊，一旦有變時，即不知所措）。（註一）

績優商購併　紛擾何時休

國內有一家生產通訊設備系統大廠，曾先後獲得行政院勞委會頒發「優良勞動條件」以及「優良福利事業」績優單位獎項。不過在一九九五年十二月、一九九六年十二月、一九九八年三月，四年內三次裁員行動，讓在職員工如同「驚弓之鳥」，惶惶不可終日。在第三次裁員後的不久，成立了工會，員工以求自保，終於在一九九九年十月第四次裁員時，工會爲被裁員者爭取到較以往幾次裁員略優的「施捨」給付。

裁員爲樂　樂極生悲

在二〇〇〇年間，該公司又宣布將生產設備、廠房、生產作業人員所謂的三大「資產」，交由他廠購併，當生產線上員工，在知道自己將被當做「商品」待賣並被列爲移交資

產時，員工的「年資」如何跟新舊雇主計算，才不會「甘苦一世人，到老嘸半項」？資方採取遊走「法律邊緣」戰，認爲已照勞動基準法第二十條「事業單位改組或轉讓時，除新舊雇主商訂留用之勞工外，其餘勞工應依第十六條（雇主終止勞動契約之預告期間）規定期間預告終止契約，並應依第十七條（資遣費的計算）規定發給勞工資遣費。其留用勞工之工作年資，應由新雇主繼續予以承認」之規定，談妥這些「商品」（生產線員工）將由接收廠家繼續留用，因此「賣方」不願給這些「待嫁」員工資遣費，但勞工則以行政院勞工委員會認定一般的「轉讓」，係指事業單位所有資產與設備因移轉而消滅原有的法人人格。因此「轉讓」有二項認定標準，一是資產設備的「移轉」，另一爲轉讓者的法人人格必須「消滅」，如果屬於雇主未來經營需要概括人力及數量的商定，所被商定留用的的勞工，應可視爲不同的勞動契約，勞工是否接受新的雇用條件應當尊重當事人的意願，拒絕留用的勞工理應要求給付資遣費。

外力介入　找到焦距

在「公說公有理，婆說婆有理」下，勞資雙方鬧僵了，弱勢勞工仍採取每日到廠上班後，手綁白布條，做無言的抗議。最後經過外力的參與、協調下，資方才妥協而在民國九十

年三月中旬「圓滿」落幕。此事件應證了美國紐約市陶爾斯．培林公司副總裁伊莉莎白．高爾（Elizabeth A. Gall）所強調的組織結構、策略對購併成功固然重要，然而人力資源問題，內部溝通的重要性，也不容忽視。

這個案例可以給一些以「裁員爲樂」的企業當頭棒喝的警惕！

去蕪存菁　你留我走

兩家企業在進行購併時，大多數的問題都是「人」的問題，「去蕪存菁」是進行企業購併、組織瘦身時不得不進行的措施，因爲組織變革後，經營者勢必調整經營策略，此乃不可避免之事，必須爲未來組織的發展進行「篩選人員」。因此企業購併的時刻，人力資源部從業人員需扮演「窗口」的角色，預防謠言及裁員對於企業與員工產生的傷害力，以確保組織合併順利進行。

購併不裁員　美麗的謊言

在企業購併時，買賣方主人先前都會異口同聲對外宣布，合併後將會保障員工權益，絕對不裁一兵一卒，以安定員工在購併進行中，少出岔兒，壞了大事。事實上，購併案成交後，不裁員的安全保障期，少者半年，多者一年就失效，道理很簡單，企業「二合一」後，就以管理部門而言，難道老闆還要發雙份薪水，請二位員工做一位人工就能完成的工作嗎？另外，買賣方原先各有各自的薪資、福利、退休、出勤等人事制度，也有不同的組織設計、作業流程及品質要求，要在企業效益最大化之下將這些有效整合，又能兼顧雙方員工需求，不影響員工士氣，可以想見其困難度之高。

雙方人資主管　人頭保衛戰開打

既然企業購併牽涉到「人」的何去何從，不論「買方」、「賣方」，對人頭最清楚的是雙方人力資源部主管，開始「討價還價」一番，在所難免。一般而言，買方的人力資源部主管，擔任接管賣方後帶來的制度面衝擊的整合任務；賣方的人力資源部主管則擔任著較為複雜的內部人員抗拒「指腹為婚」的「逼嫁」任務。

下列是在購併案中，買賣方「人事主管」要注意的幾個面向：

一、買方人資主管

■企業文化的重塑

企業文化的重塑，是以改造員工的價值觀、工作行為及做事的方法，是企業購併工程中最艱難的層面。人資主管要分析並釐清能結合人力資源綜效的來源，思索如何融合雙方的文化能相互配合，否則購併後，就要面對另一波優秀人才的流失。

■篩選賣方人才的原則

買賣方高層在談判企業聯姻時，對「陪嫁」的人員標準能說明白講清楚，則有利於雙方的人資主管對人頭「討價還價」談判時，奠定良好的溝通基礎。

■訊息傳達與溝通

隨時讓員工了解購併處理的進度，建立良好溝通管道，讓所有員工知道組織未來的發展走向，以及組織將如何對待員工，以消弭不必要的麻煩，穩定人心，保障現有員工。

■部門整合與規劃

確定新組織架構，需要具備何種才能（competency）的人才，以整合規劃各部門。

■勞動條件的整合

買賣雙方的人事制度與薪酬一定有所不同，兩家公司合併後，可先按照原來的標準實施，再逐步整合，儘量不要讓員工感覺到原有的權益縮水，造成勞工心理的不平衡。員工敘薪的原則，是看員工對公司所產生的附加價值有多高，而不是取決於職位的高低。

■新進員工招募、甄選

傳統的招人術，是一個「蘿蔔」一個「坑」，只要求應徵者擁有執行某項工作單一技能，即可「補坑」；但企業聯姻、購併後，要的是「多樣性」（觀念、技術、市場、資訊等）「綜合」個體。因此人資主管要釐清未來對外招募人才的特質，以及勞動契約相關勞動條件吸引此等人才之事項。

■人力培訓方案

制訂人力培訓方案，以維持過渡期間之生產力以及技術再教育。

■對主管宣導

教導主管在購併之「關鍵時刻」，要重視員工的感受，因勢利導，全力留住人才。

二、賣方人資主管

■先拋開個人去留問題

俗話說「西瓜偎大邊」，賣方人資主管在「圓滿」處理購併所產生的「人事糾葛」後，一山容不了二虎，買方少有「慰留」賣方人資主管，但此時此刻，還是把個人去留擺一邊，才能有所作爲，因爲離職的人中，會有一些「高官貴人」，你的表現好，他日他們創業時，會提你一把，所謂「板蕩識忠臣」，其理甚明。

■勞工工作權優先保障

賣方（消滅公司）員工的工作保障權，離職或留下來要尊重員工的自行決定，依法爭取法律付給員工的各項補償。

■勞動條件的標準

兩家企業合併後，薪資福利一定有高有低，如何不降低勞動條件，或降低勞動條件的補償配套措施，要談清楚，不能適應者，就依法讓他離職，給予資遣費。

■裁員行動的配套措施

如果基於經營成本考量一定要裁員，要訂一套「合理」、有「誘因」的裁員配套方案。如能施於短期轉職訓練，更會減少員工抗拒企業變革帶來的「災難」。

購併裁員典範　值得借鏡移植

美國羅勒（Rorer Group）公司於一九八六年收購露華濃公司時，在裁員作業上，只要跟人有關的方案，如資遣費、輔導就業、提早退休、重新安排工作職位等，最高、唯一的原則是「公平和尊嚴」，對於這些跟人有關的問題，在決策之前必須通過「酸性檢定」（acid test），例如資遣費是以薪資、福利、年資爲基準，最低資遣費遠超過產業標準。

項莊舞劍　意在沛公

以輔導就業這一項服務來說，美國羅勒公司外聘二位顧問。一位提供集體、標準化的諮詢服務，另一位提供個人、差別化的諮詢服務。大部分離職員工都找到相同或更好的工作。此方案耗資近一千萬美元，然而其收穫是無形的，其主要是做給購併後公司留任員工看，讓他們有安全感，縱使公司以後要裁員，他們也會得到公平待遇，如此便激發員工對公司的承諾、信賴。（註二）

成立電視台　搭起溝通橋樑

當德國戴姆勒賓士與美國克萊斯勒汽車公司合併後，爲求達到最有效的溝通，即成立電視台（Daimlier Chrysler TV，簡稱 DC TV），每日向全球三十六個國家以七種不同語言播出新公司每日新聞和企業資訊，讓員工得以隨時獲得最新的資訊。兩家公司的總裁定期發送電子郵件給全球所有員工，讓員工了解整個購併過程和進度，並歡迎員工以電子郵件提出問題與總裁直接溝通，DC TV 和電子郵件成爲員工與公司之間溝通的橋樑，有助於合併後的內部管理與整合。（註三）

風險管理意識　免得虎落平陽

購併是企業追求成長的一個整合過程，而且是一個非常複雜而困難的過程，能否達到預期的效益，需視整合成果而定。因此經營者平時應具有風險管理的觀念，以免在企業經營逆境時，一時撐不過去，把多年企業樹立的「優良形象」招牌，一夕之間轉手他人，賠了企業形象又折損了員工的信心與青春歲月，最後落得老闆賠本，員工也跟著失業的兩廂悲慘結局，雖然大家都可重頭來過，但青春歲月卻已蹉跎。

註釋

註一：李雄，〈人力資源發展〉，《人力資源管理面面觀》，高雄市政府公教人力資源發展中心編印，一九九八年三月，頁八四。

註二：伍忠賢，《企業購併聖經》，遠流出版公司，頁五二八。

註三：黃雀琴，〈企業購併，人力資源管理的思維〉，《勞資關係月刊》，第十九卷第十期，二〇〇一年三月。

3 為勞資雙方尋找平衡點

一面裁員，一面激勵士氣；一邊增進績效，一邊守護員工的權益；一方協助企業主度過不景氣的難關，一方也要保住自身的工作；這其中的甘苦，真教人事主管大嘆難爲。

前幾年，由中華人力資源管理協會在台北市主辦一場「人力資源武林大會」，八大主持人分別由國內從事人事資源管理的長老掌符，歡迎各路英雄豪傑前去會場「踢館」。

一般而言，人事主管被外人「踢館」是不可能的，請教都來不及，誰還膽敢去拆掌握人事任免生殺大權的擂台，那一天冤家路窄去應徵工作，豈不功虧一簣，自認倒楣。

是擋箭牌，也是出氣筒

但是，人事主管被內部員工或離職員工「踢館」的事件，卻時有所聞。例如一九九八年復興航空「減薪」風波惹出來的飛機駕駛員集體辭職案；一九九九年南部震台鋼鐵公司與六十二名員工有關終止勞動契約的爭議案；中石化移轉民營的五年保護期屆滿，資方提出未獲留任員工給予加給六個月薪資，留任者則無的方案，因而引起員工強烈不滿。這些減薪、資遣、勸退的「棘手」辦法，都出自人事主管的建議。

人事主管是資方面對勞工質疑的擋箭牌，也是勞工憤怒不平的出氣筒。在景氣看淡的年頭，企業減肥瘦身運動的重責大任，就交給素有企業門神之稱的人事主管去「傷身」，挾雇主聖旨，把當年甜言蜜語引誘來「獻身」的忠誠員工，一位一位的丟入失業潮的大火爐裡，面對一幕幕的悲離場景，人事主管的內心，眞是天人交戰，苦不堪言，甚至惹禍上身。

人資地位　水漲船高

回顧一九八〇年代末期，一九九〇年代初期，美國遭逢經濟不景氣時，人事部門的功能在許多企業中被提升到較高階的組織層級——人力資源處，在一些大型企業中，人事主管甚至高居副總裁的職位，在不景氣時期扮演積極解決員工問題的角色，直接提高人力資源處在企業內的重要性。當然，這種舞台上的表現機會，也是一把雙面利刃，稍一不愼，如走鋼絲，跌得粉身碎骨的案例也時有所聞；縱使能化險爲夷，也會賠上自己在人事界的聲名與前途。

最近企業界盛行購併風潮，被購併一方最先不保的職位，依序是總經理、財務長及人事主管。一位管策略，一位管錢，一位管人，是公司內可隨時呼風喚雨的「紅三類」，但新老闆來接掌視事，人事主管不是「見風轉舵」、「西瓜偎大邊」，犧牲員工權益，保住自己飯碗，否則就鞠躬下台，不帶走一片雲彩。

人事主管難為的例子不少

一九七四年，國內第一家生產電子計算機的環宇電子公司被美國國際電話電報公司（ITT）購併，當母公司派來接收的主管了解了公司財務調度及人事功能後，在完全沒有預警的情況下，開了一張支票，叫了一部計程車在廠外待命，早上九點鐘，年約五十五歲的財務兼人事主管，坐上了計程車急駛而去。誰會想到這位精通日語不懂英語的財務兼人事主管，多年前辭去「鐵飯碗」的教職，隻身從彰化來到竹北，在烈日與冷冽的新竹九級風吹襲下，日夜監工，在一片荒蕪農田裡蓋起了巍峨的廠區及可容八百人圓樓的宿舍，以廠為家，典型的忠誠幹部，卻在公司被購併後半個月內被資遣，按廠礦工人受雇解雇辦法的資遣規定，資遣費一分不多一分不少的結束了僱佣關係。自從這一事件發生後，員工人人自危，半年後，該公司成立了工會，勞資關係變質，員工不知為誰而戰，八年後該公司廠房賣給了美國無線電公司（RCA）。

員工踢館　人事主管被罰

一九九八年四月，國內曾刊登出一則報導：板橋地方法院審理美國無線電公司的勞資糾紛時，法官判定員工按月領取的海外津貼屬經常性給與，人事主管則辯稱勞工在接受派遣赴大陸時，已切結同意海外津貼不計入平均工資。但法官認爲該約定違反勞動基準法強制性旨意，約定屬無效。法官依資方違反勞基法第十六條、第十七款終止勞動契約時發給勞工資遣費的規定，判處公司及主管業務的人事主管各罰款新台幣七萬五千元，這是人事主管因觸法被離職員工「踢館」，賠了夫人又折兵的案例。

做資方與勞方的媒婆

一九九八年初春，北部某大電子公司資遣一位人事經理。這位經理在該公司已工作十八年，再過一年多就年滿五十五歲，可申請自願退休。當年春節期間，他與往年一樣在九天過年休假中，「無償」到工廠陪警衛過年，以防工廠遭竊或發生火警，甚至農曆年的開工祭拜土地公也委由他主祭，使他的頂頭上司很放心地攜家帶眷到日本度假。而五年來該人事經理

被指派到大陸負責設立四家大陸廠的人事制度，有一次公司的外籍財務長到杭州廠視察時，還聽到中方高幹稱讚他的表現。

但在執行公司「年輕化」政策下，人事處長將這位經理叫到辦公室，交給他五張支票，指派他去資遣五位五十幾歲的警衛員，當他圓滿完成上級交待不可能的任務後，人事處長又從抽屜拿出一張支票，請他簽字並表示：「因爲你的外語表達能力不足，只好忍痛割愛，給你資遣費。」該經理二話不說，及時簽字，成全人事處長可以向新任的洋老闆交出一份漂亮的「年輕化」成績單。

這個例子眞是應驗了韓信被劉邦逼死前後悔莫及地抱怨說：「狡兔死，良狗烹；高鳥盡，良弓棄；敵國破，謀臣亡；天下已定，我固當烹之。」（《史記》〈淮陰侯列傳〉）這種難看的「吃相」，使在職員工不寒而慄，該公司不得不在一九九九年花了大筆鈔票請管理顧問公司對員工做「施政」滿意度調查，想挽回員工失去的向心力。

人事主管在企業內扮演著資方與勞方的「媒婆」。資方用什麼角度來看人事主管的績效？而勞方又會用什麼態度來反應人事主管的施政滿意度？勞資雙方是「劍拔弩張」或「化干戈爲玉帛」，在在考驗人事主管的智慧與應變能力。做對了事，員工認爲這是人事主管該做的，很少會給予掌聲；做得不合勞工意，員工怨聲載道，人人附和，雪上加霜。而企業主心目中的人事主管，是要求用最少的人事成本，達到最高效果的員工滿意度，往往使得人事主管自嘆「豬八戒照鏡子，裡外不是人」，內心煎熬，非當事人無法體會。

苦中有樂的十五條守則

俗話說，做一行怨一行，行行有苦處，但是面對勞資雙方平衡點的維持，是一種長期的面對，不容許有失毫的誤失。人事主管是典型的「先天下之憂而憂，後天下之樂而樂」，想投入此一行業，在心理上如果沒有充分準備去適應，一旦遭受挫折，就想轉行轉業，蹉跎歲月，就太可惜了。因此，踏入人事工作的行業，必須要有下列的認知，才能苦中有樂：

- 沒有在公開或正式的場合對同事發牢騷、抱怨的權利。
- 要有犧牲小我、完成大我的胸襟。
- 誠實，不能虛偽，一次的說謊就無法在此行業立足。
- 要精明能幹。不精明，不能找到「良駒」；不能幹，不能應付複雜的人際關係。
- 要有湧泉而出的創意（點子），並能付諸行動。
- 快速的學習，消化大量的資訊，能解決複雜的人事問題，並能從實務經驗得到教訓，不重蹈覆轍。

・要有未卜先知、先見之明的敏銳度，才不會在問題叢生或大禍臨頭之前，還被蒙在鼓裡。

・配合地球村時代的來臨，必須要有外語的說寫能力，才不致於萬一企業被外商購併後，外國老闆來接收時，無法有效溝通。

・要有組織規劃的能力，才能制訂符合時宜的典章制度。

・熟悉勞動法規，才不會因爲不知法而犯法，在員工面前丟臉。

・不應該得到的報酬，一概不取，否則被人抓到把柄，就會受制於人。

・有派系色彩的企業，千萬不要偏袒一方，只要涉及權力鬥爭的漩渦，遲早會惹禍上身。

・要有國際化的眼光及心胸。

・要多才多藝，精通多種本事，包括財務能力（如經濟環境分析）、組織變革能力（如企劃重整、海外投資）以及人力規劃、薪資考核、人員招募等一般人力資源專業技能。具有高度的專業化精神、專業知識與專業技能，做什麼，像什麼。

・要有憂患意義，但也要保持平常心，了解產業的變化趨勢，規劃企業前景及個人的生涯發展計畫。

運用之妙取決於智慧商數

小說家狄更斯的經典名著《雙城記》，在卷首有幾句流傳千古的名言：「這是最好的時代，也是最壞的時代；這是溫煦的春天，也是嚴酷的寒冬。」在企業裁員不是夢魘的時代，人事主管正面對著「最好與最壞」、「溫煦與嚴酷」前所未有的考驗。人事主管必須一面裁員，一面激勵士氣；一邊增進績效，一邊守護員工的權益；一方協助企業度過不景氣的難關，一方也要明哲保身，不能在職場上中箭落馬，運用之妙，完全取決於人事主管的智慧商數。

如果人事主管能領悟寬以待人、嚴以律己的人生哲學，就會無怨、無悔的在不景氣時期發揮人事管理的最大綜效，一旦成功跨越障礙，人事主管就是最大贏家；如果問心無愧而失敗，再苦澀也會甘之如飴。

（本文發表於一九九九年五月《管理雜誌》，二〇〇一年三月修稿）

第三篇

單位主管執法

揮不掉的裁員陰影

美國 iCopyright.com 影印公司是在會議廳裡公開宣布那些員工得走路，讓現場氣氛繃到最高點，員工莫不擔心自己是下一個被點名的對象；Fob Inc 則是開會告知員工回去查看自己是否收到解聘的電子郵件；網路基礎設施供應商 InfoSpace.com 則臨時以電子郵件通知百分之二十的員工，請他們在十五分鐘後到附近某家飯店開會，到了現場大家才知道自己被解雇；紐約時報電子報網站的七十名員工，則是從報紙與電子報報導得知自己被解雇的消息；軟體公司 eProject.com 的員工布萊恩則是從歐洲回來銷假上班後，發現公司幾乎人去樓空。

無預警裁員風暴　襲捲達康公司

上述這一類令人措手不及的解雇通知與集體解雇「亂出招」的達康公司裁員「步術」，西雅圖電子業會員威爾森歸納如下的公式：

- 誤導外界的企業財務報表。
- 措手不及的解雇通知。
- 不近人情的集體解聘。
- 完全無視員工的感受。（註一）

這種絲毫不管員工未來生計與死活的方式，身為主管的你，有否想到如何圓滿處理此一「尷尬」、「曲終人散」的場面？

曲終人散時　心有戚戚焉

帶動台灣半導體（IC）產業蓬勃發展，有國內半導體教父美譽的台灣積體電路公司董事長張忠謀先生，在《張忠謀自傳》一書中，有一段談到「抗議同事被裁員」，生動地描述他在美國希凡尼亞工作時，遇到生平第一次親臨其境的裁員情況及其心理感受：

> 一九五八年二月，總公司派了二位專員（又是外行人）到半導體部「了解」營運狀況。「了解」幾星期後的結果，宣布大幅裁員；原來的總經理、副總經理全部撤職；總經理由專員之一暫任。

新總經理立刻個別召見「重要人員」。我與他素未謀面，但也被召見之列。我自加入希凡尼亞後從未到過總經理辦公室，現在竟有機會進入。這是一間非常寬敞、佈置華麗的辦公室，遠比我後來常進的德儀總經理室更華麗，甚至可與今日台灣大公司的總經理室相比。新總經理很和氣，似乎也很誠懇。他一面看桌上的一張名單，一面說了短短幾句話：「我並不認識你，但據我了解，你的成績不錯，所以你不在被裁之列。但是公司有必要裁掉一半左右人員。你科裡的四位工程師（二位碩士、二位學士）中，某某及某某要裁掉，請你告訴他們。當然，公司會依年資支付遣散費。你的科也就此解散，剩餘人員併到另一科去。你的薪津和職等都不改變，但以後請你以單獨工程師身分為公司貢獻。」

縱然和氣誠懇，這幾句話字字不中聽。我們這一科連我在內五個年輕人，二年的努力工作，最後賺得的是二個人被裁。

被裁的兩人都是第一次就業。告訴他們這個結果，是我有生以來最艱難的工作，兩場會談都在淚水中結束，兩人最後有一句相同的話：「看來熱誠和努力還是不夠的。」青年的天真在一天內消失，而這失去的天真以後再也找不回來。

希凡尼亞的快樂時光就此結束。當天我就決定另謀他職。（註二）

裁誰都很難　千山我獨行

主管告訴被資遣的部屬，要有「感同身受」的互動。國內近年來，國營事業在轉化民營單位的過程中，也曾發生過有的單位要縮編，準備減少一大半的人員，於是命令主管運作執行，主管一看，每個手下均是好兄弟，要裁那一位，均難以下手，手心手背都是肉，雖手指有短有長，但切斷那一隻手指頭都很痛，在左右爲難之下，狠不下心裁員，於是只好主管自我了斷，走了。千山我獨行，不必相送，看來好不瀟灑，好不悲壯。（註三）

上下不安　無心工作

在《讀者文摘》雜誌上曾登過一篇文章，內容與上述之描述有異曲同工之妙：

亞洲金融風暴之後，洋行老闆通知船務部主管，船務部必須由四人減為三人，下屬都很能幹，無法決定解雇那一位。

他們四人一起討論這個難題，可是沒有結論。主管要三個下屬各用四個中文字，說出他們的感受。甲職員先說：「上下不安。」乙職員接口：「正中滿胸。」

丙職員說：「非分周長。」主管不明白，請丙職員解釋。

丙職員解釋說：「大家都無心工作，只是忐忑不安，怔忡滿胸，悲忿惆悵！」

結果，主管決定提升丙職員，自己離職並移民外國。（註四）

裁員動作　如履薄冰

裁員技巧是管理上一種「登峰造極」的藝術。「招募」時，應徵者向主管磕頭拜託給一碗飯吃，「裁員」時，主管反而要向員工拜託給一碗飯吃，主僕易位，心情打結，因爲做主管的人，是應該負起裁員責任的「原罪」。沒有那麼多的工作量，爲什麼要擴充部門的門面，擺起「龍門陣」？一旦企業經營一有困境，落得在職者心神不寧，讓離職者心不甘、情不願。所以主管擇人要愼重，用人要不疑，適時要訓練，平日就要落實考核，做好的這些功課，主管則可避免企業「裁員」動作時要繳「黑名單」的窘境與忐忑不安。

自尊　尊重　禮貌

縱使企業裁員「要躲也躲不掉」時，主管千萬要記得給被裁員者最起碼的「自尊」、「尊重」與「禮貌」，例如國內某大知名電腦公司必須遣散某部門員工時，不僅被遣散者每人拿到一筆比預期還要多的資遣費外，公司還以專車載送提著「行李」的被資遣員工離廠，高階主管並親自送行，讓這些「畢業同學」走得很有面子，沒有怨言，倒有感念。（註五）這些「惠而不費」的舉動，也許可稍減裁員後，主管因內咎而揮不掉的陰影。

註釋

註一：〈康達公司裁員，越來越不近情〉，《中國時報》，二〇〇一年三月十九日。

註二：張忠謀，《張忠謀自傳》（上冊），天下遠見出版公司，一九九八年十二月二〇日，頁一〇一～一〇三。

註三：廖明輝，〈裁員很簡單……中油公司至少裁一半〉，《中油勞工雜誌》。

註四：吳銓高（香港），《讀者文摘》。

註五：〈裁員危機十大對策〉，《甦活（SOHO）商機情報誌》，三三期，二〇〇〇年三月。

裁員向誰開刀？

企業改造大師尤金・芬肯（Eugene Finkin）曾說：「公司負擔不起沒有生產力的員工，不管是財務上或心理上都是如此。而且千萬不能將這些員工調到並不需要他們的部門去。」此話不虛，從下列之實例可窺視一斑。

開除哲學　悍比雍正

《數位商周情報》曾報導一篇訪問 Avant! 董事長、執行長兼總經理徐建國的文章，標題很醒目：「半年砍百分之五員工，徐建國悍比雍正皇。」副標題則是「開除哲學媲美安迪・葛洛夫」。文章中提及徐建國規定 Avant! 每半年開除百分之五員工，這一點「我（文中用第一人稱）絕不道歉，因爲企業裡，總有濫竽充數的員工，大家都知道，只是老闆不動他，看了會很火。問題是企業不賺錢，卻要大家一起分擔苦果」。

運動減肥　裁員瘦身

「企業瘦身是必要的，等到肚子大了，再來瘦身就很痛苦了，要不停運動，保持身材。像我（徐建國）這樣有經驗的來雇人，剛開始也只有百分之五十的命中率，現在最多百分之八十，還有百分之二十的人是多餘的，如果每年殺掉百分之十，表示在我企業裡，還有百分之十的藏污納垢啊！這不是我創新的，我是跟安迪．葛洛夫（前英特爾總裁）學的，他一年百分之五，我更狠，半年百分之五，但也沒辦法一年殺掉百分之十，但一年有百分之五以上，因爲部門經理都跟我作對，沒有一個部門經理喜歡做這種砍人動作，但你不這樣做，是會腐化的。」

裁員名單不交　劣幣驅逐良幣

「像去年（一九九九年）下半年該開除的人，經理部門一直不送上來，我也沒辦法，我就在今年（二〇〇〇年）一月一日的調薪基準日發了封 e-mail 給全公司，告訴大家，等名單送上來才調薪。於是百分之九十五努力工作的員工，把壓力加在經理部門才順利完成。」

徐建國語重心長的說道：「我的企業，是要讓企業的經營有成果。我規定銷售人員兩季

做不到業績就殺掉（開除）。很多被開除的人批評我，但不要忘了我是做總裁的，公司不好我要負責。」（註一）

卸甲輕裝　冗員退位

一家企業如有像徐建國總裁這類掌舵人時，主管如何交出「黑名單」（開除名單），員工如何「趨吉避凶」，黑榜不提名，對主管、員工而言，的確是頭痛的問題。由於企業經營是跟「時間」在競賽，新產品推出落後競爭者，市場被競爭者蠶食時，就可以讓企業的執行長（CEO）搬位，這是企業不能養「傭兵」而要適時「冗人清倉」的關鍵所在，冗員不走，總經理就要走；冗員不走，總經理也不走，最後全公司的大大小小員工都要走，因爲企業只好關廠或歇業。

不要牧羊　要帶領一群貓

智庫文化公司曾出版《全球企業併購大師—儒伯・梅鐸》、《全球財富創造大師—比爾・蓋茲》、《全球企業再造大師—傑克・威爾許》及《全球品牌塑造大師—理查・布蘭森》，書上對四位企業經營大師級的成功秘笈多所著墨，四位企業界「天王」經營企業之成功中，傳媒巨人儒伯・梅鐸訣竅之一是「再見！好好先生」，電腦界「紅人」比爾・蓋茲則是「只雇用聰明人，而且是有商業頭腦的聰明人」，再造百年老店「奇異」第二春的傑克・威爾許的名言是「殺掉官僚」，而維京集團董事長理查・布蘭森是「不要牧羊，要帶領一群貓」。

物競天擇　適者生存

從上述企業界實務管理大師口中說出來的話，可看出其企業的用人，各有其「特色」，員工能在這種企業工作並能留下「活口」，就要看個人的「本事」與「人格特質」。達爾文有一句名言：「物競天擇，適者生存。」在企業裡，不適任者有兩條路可走：自動離職或等待裁員清倉。

關鍵時刻　服務導向

北歐航空公司總裁卡爾森（Jan Carlzon）在接任北歐航空公司時，該公司正遭逢連續兩年的虧損窘境，當他成功的將該企業虧空轉盈後，寫了一本《關鍵時刻》（*Moments of Truth*），書中提到一段讓人深思的觀念：

高階主管根據一套既定的程序來制訂決策，中階主管負責將決策訊息傳達至組織的每一個角落，具體言之，在一個大型組織裡，中階經理人的人數雖不少，但他們的任務不過是將高階主管的決策轉換為指示、規定、政策和命令等，讓基層人員辦起事來有所依據。雖然他們稱為「中階管理者」，但執行的並不是管理的工作。真正的「管理者」必須享有自行做決策的職權。因此傳統組織中的中階經理人充其量不過決策訊息的傳遞者，這種決策並不是由他們決定，而是金字塔頂端的高階主管。（註二）

中階管理者　模糊定位者

當企業人力結構重整時，組織中人數不少的「中階管理者」，其職位不保可想而知。下列提供一些經常可能會被點名「走路」的人選，握有決策的主管從中挑選名單「發落」；部屬則平時就要盤點自己的職涯競爭對手的強勢或弱勢，千萬不能讓自己多年來都重複做同樣的事，而是要掌握組織發展與產業的脈動，持續成長，才能避免「對號入座」。

一、技能老化的員工

・個人學經歷已無法承擔未來企業發展所需的專長。

・無工作意願者。

・能力不足者（因受教育有限，無法承擔未來工作重新分配者）。

・技術已過時，培植第二專長有困難者。

二、工作表現不如人的員工

・連續幾年績效考核表現「平平」，尤其是在部門內員工績效總排名在倒數百分之二十五以內的人。

・平常不遵守廠紀廠規者。

・三至五年內無升遷紀錄，工作項目又無明顯變化者。

三、幕僚管理職人員

・組織重整時掛單在總經理室者。

・部門績效差或半閒置的人員。

・「副」字輩的幕僚或備位主管。

・專案經理人。

・部門歸併時，專長已可被取代的主管。

四、職責合併多餘的員工

・工作重設計，相同業務性質的歸併，主管可共用同一職位，例如秘書人員、助理人員等。

・多人擁有相同（似）的專業技術。

五、健康不佳員工

・因健康狀況影響工作者。

・經常請病假者。

六、組織改組剩餘的人力

・未來企業會消失的業務所剩餘的人力。

・組織扁平化後多餘的人力。

・企業被購併後，與購併方員工之職務（責）重疊性高的職位。

七、可外包職種的員工（現貨就業市場可支援的人力）

派遣公司已儲備的人力，可隨時提供企業短、中、長期人力所需支援的職種。例如秘書、一般內勤人員、接待員、行政助理、資料輸入員、電話行銷（市調、催繳）員、客戶服務員、專業經理人、程式設計師、系統安裝員、製圖員、機械操作（維修）員等。

八、新進基層人員

某大光碟科技公司在二〇〇〇年十二月間裁員時，對外發布新聞稿時，特別強調被裁員的人選，以入廠服務未滿一年之員工爲優先考慮對象。

昨日忠臣　今日糟粕

如果有一天，企業要裁員時，採用上述的「圈套」來篩選適當「替死鬼」時，主管一定要注意到，一位因爲能力已經得不到肯定，或表現不好，經常「成事不足，敗事有餘」的部屬要「勸退」時，千萬不能讓「被裁員者」在被處理過程中感受到任何的侮辱和憎恨，因爲此時此刻，「被裁員者」的心靈實在太「脆弱」了，主管千萬不要以爲多付些比勞動基準法較優的資遣費，就覺得「仁義盡至」，再優渥的資遣費也無法抹滅因爲傷人的言語、動作而帶給「被裁員者」的痛苦。例如張國安先生在其自傳中提到：在三陽公司擔任總經理，奮鬥了三十年，但在要離開時，卻沒有歡送會，沒有紀念章，使人難以置信。(註三)

落選羞辱　引以爲鑑

音樂劇「歌舞線上」（A Chorus Line）描述了一群懷有百老匯明星夢的年輕人參加試鏡

的情形……，故事快結束時，所有人輪番跳舞歌唱後，全部在舞台上排成一列，等待導演的評論，只聽導演說道：「當我叫到名字時，請向前走一步。」被叫到名字的人出了列，臉上帶了一股欣喜與安慰的神情。當導演叫了十個名字之後，他竟然對著他們說：「謝謝你們來參加排演，但是很抱歉我不能用你們，至於沒有叫到名字的人，你們不久就會收到合約書了。」這種宣告方式無疑是最殘忍的。（註四）

吃了秤鉈鐵了心　你狠心做得下嗎？

如果在「裁員」解雇面談中，主管不小心出現了這種尖銳的語言，在資遣費付清後，員工帶著「恨意」離開面談室，此場此景，主管你又會怎麼想呢？「吃了秤鉈鐵了心」無動於衷；還是因「內疚」，讓一時的失言與動作，使得裁員陰影，一輩子長存心中，要揮也揮不掉。

提早退休　裁員美化名詞

目前，國內正在進行國營企業轉換經營機制爲民營化的過程，「勸退」、「提早退休」是較「裁員」聽起來比較不刺耳、經過美化的文字，但是都是限期「被動」離開企業。因

此，對這批被企業主「請退」的員工，主管應該確實調查個別員工的年資與專長，進而評估其在當前就業市場的價值，再決定該如何個別協助他們轉業。此時企業主不妨考慮尋求外界顧問公司的幫忙，輔導員工並安排人力仲介事宜，一來可收安撫人心之效，再者善盡企業公民的責任，誠意是可以取得「被裁員工」諒解的，就看企業主如何想了！

關懷要付出行動　不能空口講廢話

下列爲 Sky Chef 飛機公司裁員計畫要點，可做爲有「制度」、「企業形象」良好的公司，在面臨企業轉型過程中，「自願」、「非自願」被「點名」裁員者的一種關懷與最後一次給予服務員工的機會，值得企業主參考採納。

一、優厚離職計畫

此計畫是爲自願離開公司者所提供的，讓這些自願離開者離開公司時，得到與被公司解雇者一樣的待遇。

二、在過渡期的服務

・財務諮詢。
・心理諮商。

・工作訓練。
・消費性貸款諮詢。

三、生涯規劃中心提供

・生涯轉換的諮詢。
・網路上的工作站。
・協助準備履歷表。
・面談的訓練。
・設立資源中心，幫助過渡期的員工找到新工作。

在企業經營變化無常下，勞工除了在職場上要有危機意識與居安思危的認知外，惟有靠自己的實力、信心及耐心，勇敢的以正面的態度去面對企業經營不善而採取的裁員動作，只要自己有實力，化危機爲契機，說不定下一個工作會更好！

註釋

註一：《數位商周情報》，二〇〇〇年六月二十六日。

註二：卡爾森（Jan Carlzon）著，李田樹譯，《關鍵時刻》（*Moments of Truth*），長河出版社，一九九七年五月二版，頁一六。

註三：張國安，《歷練——張國安自傳》，天下遠見出版社。

註四：Richard Bayer 著，蘇玉櫻譯，〈有尊嚴的終止勞資關係〉，《世界經理文摘》，一七二期，頁一一〇～一一九。

3 合法拒付資遣費有絕招？

統一企業發行的《統一月刊》曾刊載一則報導，標題是〈關係企業發生採購弊案，高總裁要同仁引以為鑑〉，內容如下：

統一百事公司前總務陳××在該公司擔任採購工作，負責為公司採購紙製外盒，供公司所生產的波卡洋芋片及芝多司等食品包裝，陳某利用採購之便，從中向廠商收取一成回扣三百餘萬元被查獲，法院依背信罪判他一年六個月。

判決書指出，陳××自一九八九年至一九九六年九月一日，受雇於統一百事公司擔任總務兼採購工作，負責為公司採購紙製外盒，陳某未從降低公司成本著想，反而從中向廠商收取回扣，從一九九四年二月至一九九六年五月十五日止，利用公司向鶴壽瓦楞紙器公司購買紙器包裝盒的機會，巧立居間人俞××抽取仲介費為名

目，向鶴壽公司業務員郭××索取百分之六至百分之十不等的回扣。

收取回扣錢或由陳、俞二人花用，或直接匯入陳××的銀行帳戶內，總計獲取不法利益三百四十六萬九千二百十四元。而郭××則將回扣轉嫁至鶴壽公司售予統一百事公司的價格中，增加統一百事公司進貨成本，經人密告後，統一百事公司才得知上情。

本件陳君上述行爲符合勞動基準法第十二條之規定「受有期徒刑以上刑之宣告確定，而未諭知緩刑或未准易科罰金者」，或「違反勞動契約或工作規則，情節重大者」，雇主得不經預告終止契約，不支付資遣費及預告工資，且可依法追訴賄賂所得的款項。

終止勞動契約　緊扣五大原因

勞動基準法第十一條規定，雇主非有下列情事之一者，不得預告勞工終止勞動契約：

- 歇業或轉讓時。
- 虧損或業務緊縮時。
- 不可抗力暫停工作在一個月以上時。

・業務性質變更，有減少勞工之必要，又無適當工作可供安置時。

・勞工對於所擔任之工作確不能勝任時。

如果有上述終止勞動契約原因，雇主要資遣員工，則要依法計算資遣費並預告資遣日期（預告期可折合工資給付）。

勞工六大罪狀　不經預告解雇

勞動基準法第十二條規定，如勞工有下列情形之一者，雇主得不經預告終止契約：

一、於訂立勞動契約時為虛偽意思表示，使雇主誤信而有受損害之虞者。（第一款）

二、對於雇主、雇主家屬、雇主代理人或其他共同工作之勞工，實施暴行或有重大侮辱之行為者。（第二款）

三、受有期徒刑以上刑之宣告確定，而未諭知緩刑或未准易科罰金者。（第三款）

四、違反勞動契約或工作規則，情節重大者。（第四款）

五、故意損耗機器、工具、原料、產品，或其他雇主所有物品，或故意洩漏雇主技術上、營業上之秘密，致雇主受有損害者。（第五款）

六、無正當理由繼續曠工三日，或一個月內曠工達六日者。（第六款）

雇主依前項第一款、第二款及第四款至第六款規定終止契約者，應自知悉其情形之日起，三十日內爲之。

有憑有證　裁員免費

勞工如有違反上述原因，企業主在合法規定下資遣員工，不需支付資遣費與事先預告解雇日期。但是合法拒付資遣費的先決條件是要拿得出「合法證據」，才能避免兩造對簿公堂。舉例而言，「於訂立勞動契約時爲虛僞意思表示，使雇主誤信而有受損害之慮者」之條文運用，一般企業在給應徵人填寫「個人資料表」上，通常申請表上會印有一段文字：「本人允許審查本表內所塡各項，如有虛報情事，願受解職處分。」求職者在紙上「畫押」，如此一來，一旦雇主雇用勞工後，如發現勞工塡寫之重要資料有虛僞情況，讓企業誤判用人，而遭受經營上損失情形，則可取得引用此一條款，做有力之終止雇用之證據。

違反工作規則除名　愼防官司纏身

再以「違反勞動契約或工作規則，情節重大者」之條文爲例說明，雇主必須注意所引用之「違反重大情節」是否已登錄在「解雇」的工作規則條文內。同時工作規則是否報請主管

機關核備並公告揭示，因爲「工作規則，違反法令之強制或禁止規定及其他有關該事業適用之團體協約規定者，無效」（勞動基準法第七十一條）。

廚餘變魚露　舉發反惹禍

舉例而言，國內餐飲界極負盛名的高雄某大飯店，在一九九七年間爆發駭人聽聞的「廚餘變魚露」事件。該飯店職員林××、吳林××出面舉發謝姓主廚以客人用餐剩餘魚骨熬成魚露再使用，資方提出解雇林××、吳林××二位的理由是違反人事管理規則所稱「玩忽工作，或貽誤要務，使飯店蒙受重大損失」，因而勞資雙方對簿公堂。

台北地方法院勞工法庭在一九九八年八月判決該飯店敗訴。法官在此一案件處理上提出「解雇的最後手段性」，認爲雇主爲維護企業內部秩序，對不遵守公司紀律的員工，固得以申誡、警告、記過、解雇、施以懲戒處分，但是申誡、警告或記過均不會影響員工的身分，解雇卻可使員工失去工作，是最嚴重的處分。法官認爲由於解雇的嚴重性，固在可期待的範圍內，雇主負有捨解雇而採用對勞工權益影響較輕處分的義務，如此始符合憲法保障工作權的價值判斷。經判決確認雙方雇用關係存在，該飯店應分別給付原告林××、吳林××各新台幣六十九萬三千餘元、四十萬七千餘元的薪資，以及遲延利息。（註一）

這是雇主「偷雞不成蝕把米」的案例，值得想依工作規則條文「合法」來規避資遣費的雇主「當頭棒喝」與鑑誡。

情節重大者　市府舉範例

根據台北市政府勞工局編印《工作規則範本》，對違反勞動契約或工作規則，情節重大者，列有八項可供雇主參考使用：

- 聚眾要挾，嚴重妨害生產秩序之進行者。
- 在工作場所對同仁有性侵害之行爲，情節重大者。
- 攜帶槍炮、彈藥、刀械等法令違禁物品，進入工作場所，危害本公司財產及勞工生命安全者。
- 營私舞弊，挪用公款，收受賄路、佣金者。
- 仿傚上級主管人員簽字或盜用印信圖謀不法利益者。
- 參加非法組織，經司法機關認定者。
- 造謠滋事，煽動非法罷工情節重大者。
- 偷竊同仁或公司財務及產品有事實證明者。

定期契約工　約滿兩不欠

此外，雇主與勞工訂有定期契約（臨時性、短期性、季節性及特定性工作），於定期契約屆滿解約或不定期契約勞工自行提出辭職，雇主是不需要支付資遣費，但「定期契約屆滿後或不定期契約因故停止履行後，未滿三個月而訂定新約或繼續履行原約時，勞工前後工作年資，應合併計算（勞動基準法第十條）」。這也是雇主要格外慎重處理定期工合約到期的解雇手續，以及等待九十日法定間隔日後，再重新簽約雇用的法律常識。

勞工依法提出解約　雇主須付資遣費

依據勞動基準法第十四條規定，有下列情形之一者，勞工得不經預告終止契約：

一、雇主於訂立勞動契約時爲虛僞之意思表示，使勞工誤信而有受損害之虞者。（第一款）

二、雇主、雇主家屬、雇主代理人對於勞工，實施暴行或有重大侮辱之行爲者。（第二款）

三、契約所訂之工作，對於勞工健康有危害之虞，經通知雇主改善而無效果者。（第三

款）

四、雇主、雇主代理人或其他勞工患有惡性傳染病，有傳染之虞者。（第四款）

五、雇主不依勞動契約給付工作報酬，或對於按件計酬之勞工不供給充分之工作者。（第五款）

六、雇主違反勞動契約或勞工法令，致有損害勞工權益之虞者。（第六款）

勞工依前項第一款、第六款規定終止契約者，應自知悉其情形之日起，三十日內爲之。有第一項第二款或第四款情形，雇主已將該代理人解雇或已將患有惡性傳染病者送醫或解雇，勞工不得終止契約。

勞工因本條終止契約時，準用勞動基準法第十七條規定，要求雇主支付資遣費，但不得要求終止契約的預告期間或給付預告期間之工資。

開除員工　講求技巧

開除員工除了要合法外，一些處理細節也要注意，不妨選擇適當的時間，例如放假的前一天下班前，讓被開除的員工有時間回家冷靜下來思考，更可以避免在職員工上班時間內議論紛紛。除外，開除員工時，主管更要避免以下幾項常犯的錯誤：

- 不要在盛怒之下開除員工。
- 不可在其他同事前宣布這項開除決定。
- 開除前，員工有出現犯規的徵兆時，就必須要求員工改善。但屢勸不聽，一旦做成開除的決定，就不要再做無謂的警告，且不必和該名員工討價還價，或任何與事無補的爭辯。
- 和員工關室面對面對談，不要借他人傳令，或在電話裡開除員工，這只會誤解越深，造成意氣用事，難以收場。
- 不要把開除員工之旨意，推給「上司」背黑鍋，應該和員工開誠布公地談，如果隱瞞眞相，在職員工可能會認爲主管是「軟腳蝦」，而對主管的領導能力產生不信任感。

開除員工　講清楚說明白

至於在開除員工的行動處理技巧方面，下列幾點也值得注意：

一、行動果決

要清楚、堅定的表達開除（解雇）的正確訊息，以免產生不必要的誤會。但是表達的技巧要顧及部屬的感受，即使部屬知道他一定會被開除（解雇），但員工本人之能力、行爲一時遭到否定的羞辱感，還是令人難過。

二、有尊嚴的解雇

詢問部屬是否希望用辭職的方式來保住面子，及該用何種方式，事後在不傷害被開除者之「人格」尊嚴下，告知其他同事，知所警惕。

三、協助就業

向開除（解雇）者口頭保證他在找到新工作單位時，對新單位錄用前徵詢原單位的評語時，會從被開除（解雇）者的優點去推薦，以協助其重新就業。

四、追蹤

不妨在開除員工三個月後，打個電話關心他的就業請況，這時候他應該已經找到另一份工作，而且對被開除（解雇）這件事，也會較有客觀的看法與檢討，或許從對方的談話中，也會發現當初決定開除（解雇）之理由是否有不當之處，此點資訊取得，對主管爾後雇人、選人、用人時，會有所幫助。

明箭易防　暗箭難躲

《經理人的聖經》作者卡爾．海耶（Carl Heyel），在書中提到解雇員工後，對企業形象

的破壞提出讓人省思的看法，文章是這樣寫著：

當某人被解雇時，所終止的只是他的工作與薪資，即使他已在員工名冊上除名，公司與他本人之間仍維持一種確定的關係。

在解雇後的長時間裏，他會抓住每一個他能抓住的人，向他們訴說遭解雇的各種情勢。當然，故事也是從他的觀點去敘述的，如果這個人是「多愁善感」型的人，那麼他故事裏的公司必然是冷酷無情的，他的妻小也就會成為老太爺受到無情待遇的活動廣告。

這個比喻的目的，在告訴管理人員一項事實，亦即解雇員工要有原則，公司才不致因此而受害，當他們恢復自由之身時，管理人有必要探視他們的成長。

註釋

註一：〈揭發廚餘變魚露，被解雇員工勝訴〉，《聯合報》，一九九八年八月十二日，社會九版。

第四篇

裁員作業實務

裁員內幕現身說法

宏碁集團掌舵人施振榮先生，在《再造宏碁─施振榮》一書中，談到一九九一年（民國八十年）一月宏碁集團裁員勸退計畫過程的波折經過。當年宏碁關係企業在台灣勸退三百位員工，在美國勸退一百人。

山頭主義　權責不清

書中提到勸退的原因是由於過去宏碁的成功，導致部分同仁缺乏成長的驅策，而無法適應新的工作挑戰。同時組織太散，產生山頭主義，權責不清，賞罰不明，導致部分同仁不願負責的心態，事情很難推動。

先前宏碁召開「天蠶變」會議，藉會議形成共識，開始落實組織扁平化，推動以績效爲考核標準的人事制度，釐清責任與授權的分際，並想辦法淘汰百分之三最不適任的人，以便建立健全的組織基礎。但是在展開勸退時，卻仍一波三折，花了二個月時間不斷地開會，遲遲無法決定。有的主管主張賺錢的部門並不需要裁員，應該只讓賠錢部門裁員，有的主管認爲在績效良好部門墊底的同仁不見得比績效不佳部門的優秀員工好。

裁員日走漏風聲　夜長夢多早行動

後來宏碁企業經營當局提出比勞基法更優惠的勸退條件，那些不願配合執行勸退的主管終於同意，也趁機整頓組織。最後，決議在兩週之內完成勸退。然而，因爲消息走漏，公司瀰漫一股不安的氣氛，爲了保護公司的智慧財產權及同仁工作環境的安定，仍決定提前在一月十一日實施裁員計畫。（註一）

傳聞變事實，宏碁裁員了！

在《施振榮的電腦傳奇》一書中，對一九九一年的裁員有如下的描述：

一九九一年元旦假期過後，宏碁內部流傳著公司即將裁員的風聲。元月十一日星期五上午八點多，宏碁龍潭總部和台北辦公室流動著一股不安的

氣氛，往日熱絡問早寒喧的聲音不見了，多數人只是兀自坐在座位上，好像在等待某一項宣判。

九點整，部門主管房門打開，秘書小姐請了一位同仁進去。同仁坐定後，平時威嚴的主管此刻顯得有點手足失措，他將一個大紙袋交給同仁，低聲地說了一些像是抱歉，又像安慰的話。

同仁打開紙袋，裡面裝了三封信，其中兩封是宏碁董事長施振榮親筆簽名的致員工與致家屬函，另一封是宏碁為員工出具的介紹信。紙袋中另外裝了一個信封，裡面有一張支票。

當第一位員工力作鎮定地從主管辦公室走出來時，手上的大紙袋吸引住每個人的視線，情況已經夠清楚了，「這幾天的傳聞是真的，宏碁裁員了！」沒有人擁上去說什麼，大家關心的是：「誰將是第二個被叫進去的人？」

一個出來，一個進去，一九九一年元月十一日這天，宏碁在台灣和美國同步資遣了四百名員工，其中台灣三百名，美國一百名，裁員比率大約百分之六。

被裁資遣的員工從主管房間出來後，立即有行政人員幫忙打理私人物品，公司叫來的計程車已在門口等候，不必辭行，沒有歡送，幾個小時後，三百位在台灣被

資遣的員工便通通離開公司。（註二）

寧靜的裁員革命　公開傳授資遣制度

宏碁電腦公司這次「寧靜的裁員革命」，在事後，行政院勞工委員會將這種資遣處理模式，提供廠家作爲企業處理類似事件的典範，在《實踐勞工政策之模範企業專刊》第六章〈資遣制度〉內文中，有如下的敘述：

這項「裁員」的作業決定，是在一月十一日前的兩、三個星期作成的。主要大會是由各主要關係企業的負責人和行政、人事部主管等五、六人參與協商決定的。因是採內部秘密進行的諮議，所以一經決定後立即採行秘密作業，以降低緊張的氣氛。

裁員的名單，是由主要事業部的主管提出來，再配合人事部門的考核。而通常這些名單是已經過長期的觀察以及在經過合併調整之後，不適任或工作負擔比較輕的人則是這一波被裁減的對象。

基本上，宏碁公司為顧全被辭退員工的心理感受，所以從頭至尾均採低調且秘密的作業方式。另外為降低內部員工氣氛的凝重，減少猜測等不必要問題發生，在下了決定之後，宏碁採明快作風，從原本預定一月十五日宣布至最後因消息走漏，恐夜長夢多，於是在九日又臨時決定更改時間，提早四天執行，改在一月十一日宣布。所以一經決定，裁員名單由各事業群提出後，配合人事單位的考核，名單很快在二天內趕製出來。

至於配合執行的部門是在前一天（一月十日）晚上，才召集各部門的中階主管進行實施前演練，主要是希望他們能認同公司的作法，並傳達公司的期望，希望藉著低調的處理，降低勞資爭議。另外並一併交付資料及名單，以便隔天早上一開始上班後就進行個人的勸退行動。

袋子中還有一個「紅包」，裡面裝有一張即期支票，包括按勞基法規定的遣散費（年資一年一個月，二年二個月）再加發一個月工資，年終獎金，及發給到一月十五日的薪水，以及勞基法規定的預告工資。

宣布裁員當天，公司內部的中堅幹部一面為即將離職員工，一一勸導說明，另方面，一些高級主管則汲汲於聯絡有關單位並說明解釋，包括官方的勞委會，經常往來的銀行以及各界的媒體。同時，當天也召開了記者會，適時的公布並解釋，讓社會大眾亦有個了解。

離職員工在廠方一切安排妥當之後，沒有引起一絲的勞資爭議，平靜無波的揮別離去，資遣的凝重氣氛暫時被隔離。執行之後，隔天是星期六，亦是宏碁例行的放假日，所以兩天下來，不僅把氣氛暫時隔離開來，也避免了不少尷尬，這些都是宏碁苦心的安排。（註三）

人力資源規劃　節流重於開源

裁員處理能風平浪靜的解決，的確不是那麼容易的事，但是裁員是「消極」的作法，至於「積極」的作法，則是平日企業就要落實人力資源規劃，因「事」找人，非因「人」找事。企業經營業績在「大放光明」時，不能盲目擴大「招兵買馬」的大動作，如果一時雇用了太多「救火員」，一旦競爭對手紛紛投入爭奪這塊現有唾手可得的「大餅」時，這時企業經營上如再遇到了「風吹草動」調適不來時，企業主平日琅琅上口，員工是企業的「資產」，瞬間變成員工是企業的「負債」，用人能不慎乎？誠如宏碁集團施振榮董事長在裁員事後坦承，那一天他的心情一直不能安定，他說：「有這麼多同事突然離開公司，他們又沒有

犯什麼錯……。」

穩健經營　永保康定

企業經營要穩健中求進步，才不會使經營的事業「大起」又「大落」，一不小心，馬前失蹄，輕者，員工先遭殃，被資遣；重者，關廠、歇業，勞資雙輸。

註釋

註一：周正賢，《施振榮的電腦傳奇》，聯經出版事業公司，一九九七年五月初版，頁二四三～二四九。

註二：林文玲，《再造宏碁——施振榮》，天下遠見出版公司。

註三：《實踐勞工政策之模範企業專刊》（一九九一），行政院勞工委員會，卓越文化事業公司主辦。

2 優惠資遣給付模範企業

企業的裁員動作，能不見諸報端者最好，如要見報，也最好能「一箭雙鵰」，對大眾與政府訴苦，投資環境差，經營難；另一方面，顯張優於勞基法的法定最低給付資遣費標準，讓大眾覺得這個企業對員工「有情有義」，但是這樣的「模範企業」不多見，反而資遣費「跳票」的新聞時有所聞。

外商資遣優惠　讓人羡慕又妒忌

在外商來華投資企業中，例如加拿大皇家銀行與蒙特利爾銀行在一九九八年中宣布合併，兩家銀行分別在國內設有分行以及辦事處，由於兩家銀行業務重疊性高，設在高雄市的加拿大皇家銀行高雄分行歇業，據銀行界人士透露，資遣辦法十分優渥，服務年資不滿一年的員工至少可拿到一個半月的資遣費，而資深員工的資遣費計算方式，則是以其年資乘上四

個月的薪水，另外再加上年底的獎金，同時該銀行每個月基數的算法，是以員工每年基本工資（十四個月）加上額外獎金再除以十二，而非一般的底薪。

另一家瑞士聯合銀行與瑞銀華寶銀行合併的資遣費計算，據了解是以年資乘上二個月的底薪，主管級則另加三個月的紅利，非主管級的紅利僅有一個月。

企業資遣優惠　六〇方案最熱門

至於國人投資的企業，爲了維護多年建立的優良企業形象，在裁員動作上，也會採取優於勞動基準法規定的資遣費給付標準，通常一般慣用所謂「六〇」方案，也就是將員工的「服務年資」與「實際年齡」相加總數，依「階梯式」由服務一年年資給資遣費一個月，隨著總數的增加，服務年資累進給與一點一倍、一點二倍……至二倍，但從服務年資第十六年起，則再還原每服務一年爲一個月基數計算，以配合退休員工計算退休金時，第十六年起一年給與一個基數之公平性。

公營移轉民營　比照退休資遣

近幾年來，政府大力推行公營事業轉民營，爲了落實此一政策，以及保障從業人員之權

益，立法院通過總統令公布的「公營事業移轉民營條例」規定：

公營事業轉為民營型態時，其從業人員願隨同移轉者，應隨同移轉。但其事業單位改組或轉讓時，新舊雇主另有約定者，從其約定。（第八條第一項）

公營事業轉移民營型態時，其從業人員不願隨同移轉者或因前項但書約定未隨同移轉者，應辦理離職。其離職給與，應依勞動基準法退休金標準給付，不受年齡與工作年資限制，並加發移轉時薪給標準六個月薪給及一個月預告工資；其不適用勞動基準法者，得比照適用之。（第八條第二項）

上述係政府對公營事業轉為民營型態下，給從業人員離職的資遣費給付保障，為一般私營企業員工遭受裁員時所望塵莫及。

資遣費大方送　報章雜誌透玄機

下列資料係從報紙上蒐集的一些民營企業在關廠、歇業或裁員時，企業主自願的或與工會協商，勞資雙方討價還價後，優於勞動基準法給付標準以上的辦法。一般而言，私人企業對裁員給付之條件是不對外公開的，甚至於內部員工也不得知道底細，因為企業裁員時，要看當時的財務狀況而定，有時候第一次裁員後，企業還是「扶不起的阿斗」，可能第二波、

第三波裁員陸續「上菜」，這時資遣費的給付會「每況愈下」。因此企業實行的資遣給付辦法很少將底牌公開，報紙上的資料，可做參考，但因爲最後定案，勞資已達成協議，勞方不會再「抗爭」，也就沒有必要再對外發布新聞更正版的資遣給付詳情。

中美和公司

一、符合退休條件者，依據勞動基準法規定給付外，

・工作滿十八年以上者加發八個月底薪。

・工作滿十五年以上者加發七個月底薪。

二、工作年資未滿十五年者，統一加發三個月底薪，而資遣費則按每年一點九個月逐年遞減計算，未達十年者以一點五個月基數計算。（註一）

嘉裕西服中壢廠

一、年資一至十九年的員工，每年發給一個基數，第一年以一點三六個月薪爲起算基數，第二年起逐年累增〇點〇二個基數，最高上限爲一點七八個月薪。

二、年資二十年以上的員工，則比照勞動基準法退休規定辦理。

三、資方同意另撥五百萬元補助勞工。

四、年終獎金一點五個月（二〇〇〇年十二月一日資遣）。

五、全勤獎金〇點五個月

六、預告工資二十天。（註二）

士林紙業公司士林廠（設立於民國七年）

一、年資一年一個月計算。

二、年資十到十五年的員工加發兩個月薪資。

三、年資十五年到二十年加發三個月。

四、年資二十年以上加發四個月。

五、符合退休條件者按退休辦法辦理。（註三）

新光合纖公司

推出「六〇」專案，凡年齡加上服務年資屆滿六十以上者，按退休辦法基數計算資遣費。沒有申請截止實施日期，且不是員工主動提出，而是由公司內部選定適合對象，是長期性有計畫的精簡人事布局。（註四）

遠東百貨公司

推出「五五專案」措施，年齡滿四十歲以上，加上服務年資超過十五年總數達到五十五以上者，列爲優先資遣的對象，並以優於勞動基準法方式進行資遣。（註五）

福聚工業公司（高雄）

不論被資遣員工符不符合退休年齡，一律比照退休辦法，發給退休金，並且再加發九個月的薪資。（註六）

T公司（中壢廠）

一、工作三年以下者，每滿一年以一個月基數計算。
二、工作三年以上六年未滿者，每滿一年以一點一個月基數計算。
三、工作六年以上九年未滿者，每滿一年以一點二個月基數計算。
四、工作九年以上十二年未滿者，每滿一年以一點三個月基數計算。
五、工作年資十二年以上者，每滿一年以一點五個月基數計算。
六、符合優惠退休者，每滿一年以二個月基數計算。（註七）

中華汽車公司

一、六〇專案，鼓勵年資加年齡超過六十的人員提早退休。
二、一〇三專案，鼓勵年資超過十年，已屆最高職等三年的作業人員退休。（註八）

台灣松下電器公司

優退方案提供達退休年齡的員工，除法定退休金外，加發十四個月薪水。（註九）

我可以生存　我要的是尊嚴

高雄市有一位勞工到泰國旅遊，在一間廟宇參拜四面佛後，欲登車離去時，發現一位泰國婦人在賣手工藝品，她「沒有眼睛」，她不是瞎子，也不是眼珠子不見，而是整個臉部皮膚完整著覆蓋著所有的眼睛部位，這位遊客不由自主的掏出了一張一百元泰銖放在她的手心上。但是她卻推了回來，用生澀的英語但堅決的語氣說：「我可以生存。」這時導遊走了過來，用泰語替這位遊客解圍的說道：「他已拿了一枝塑膠花。」（標價十五元泰銖）剎那間，這位遊客的手緊握著她的手，這是一份尊敬與佩服，而不是早先的同情與憐憫。（註十）

金錢與尊重　厚道與忠恕

雖然企業主在裁員時，能給予較勞動基準法規定給付標準為優的資遣費，但也請老闆聽懂「我可以生存」所代表的涵義，對曾為企業一同打拚江山的員工，如今非自願的離開時，記著：「金錢」與「尊重」是二者不可缺一的，也就是中華文化所說的「厚道」、「忠恕」四個字。

註釋

註一：《工商時報》，一九九九年六月十日。
註二：《聯合報》，二〇〇〇年十二月。
註三：《經濟日報》，一九九八年十二月十五。
註四：《工商時報》，一九九八年十二月三十一日。
註五：《經濟日報》，一九九九年八月十三日，十六版。
註六：《經濟日報》，一九九九年二月二十四日。
註七：李誠（教授）、黃李祥（研究生），《資遣程序之探討——以T公司爲例》。
註八：沈嘉信，〈企業進行魔鬼健身〉，《天下雜誌》，一九九九年一月，一三六期。
註九：《自由時報》，二〇〇一年三月六日，十八版。
註十：李維驄，〈人微　言未必輕〉，《聯合報》，二〇〇一年二月十七日，民意論壇十五版。

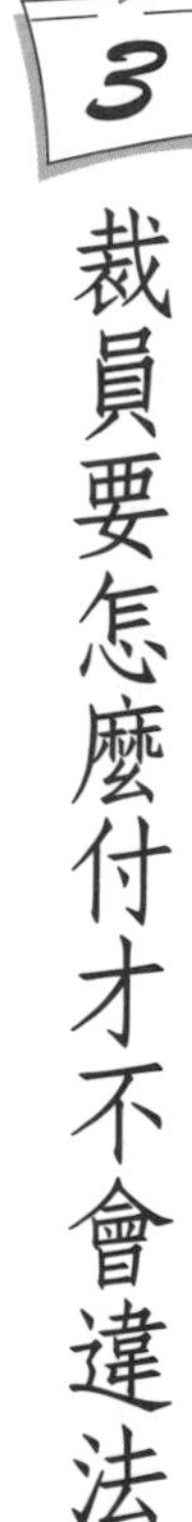

3 裁員要怎麼付才不會違法？

勞動基準法第一章第一條開宗明義的指出：「雇主與勞工所定勞動條件，不得低於本法所定之最低標準。」企業資遣員工時，如無財務周轉困難危機，多給被資遣員工一些資遣費，法無禁止；但如企業給付資遣費低於勞動基準法所規定最低給付標準，就觸犯法律規定，要接受處罰。

羽田機械失業勞工　蛋洗高島屋百貨

在一九九六年十二月十四日清晨六點多，曙光乍露，寒氣逼人，廠址座落在彰化縣大村鄉的羽田機械公司，在當年四月間被該公司資遣但未領到資遣費的三百多名員工，陸續來到員林鎮三角公園廣場邊，領隊正忙著發給每位即將動身前往台北士林高島屋百貨公司（羽田機械老闆投資）店前抗議的工具：白布條、臭雞蛋、口罩、手套。這時羽田機械的老闆與老闆娘趕來，出面挽留這些「討債」的員工，但是員工代表先丟了一句話：「協調時已給了七個多月緩衝期，公司為何還不發資遣費？」葉老闆有點尷尬的答覆：「過去幾個月全力籌湊員工薪資，公司本月已付百分之五資遣費，今天下午會再發百分之五，其餘希望一年內分期償付。」雖然彰化縣長也趕來打圓場，員工卻鼓噪著喊著：「嘜擱講啦，大家走啦！」地方官也只好說了一句話：「大家辛苦，穿暖和些。」老闆夫婦神色凝重，默默的看著「抗議車隊」緩緩駛離而去。到台北後，其中一位員工向採訪媒體記者訴苦說：「我們這群在公司待了幾十年，青春全奉獻給公司，中年失業後，在家鄉又找不到合適的工作，全家人生活陷入困境，公司連資遣費也不給，情何以堪？」一場「無奈與淚水的抗爭」並沒有要到應拿的資遣費。

弱勢勞工　遊行抗議

國內企業係以中小企業為主，經營規模小，企業裁員時，如能依照勞動基準法規定給付資遣費，則勞工走上街頭「遊行抗爭」（福昌紡織）、「抬棺反謝」（東菱電子）、「臥軌抗爭」（聯福製衣）、高速公路楊梅交流道下「撿垃圾」抗議（全國關廠工人連線）來引起社會大眾與政府重視「弱勢」勞工的「悲情」的案件就會相對減少。

我們眞的要不多　依法給錢就沒事

企業資遣員工要怎麼給付，才不會違法？依據勞動基準法規定如下：

一、雇主終止勞動契約的條件

・歇業或轉讓時。
・虧損或業務緊縮時。
・不可抗力暫停工作在一個月以上時。
・業務性質變更，有減少勞工之必要，又無適當工作可供安置時。
・勞工對於所擔任之工作確不能勝任時。（第十一條）

二、預告期間

・繼續工作三個月以上一年未滿者，於十日前預告之。
・繼續工作一年以上三年未滿者，於二十日前預告之。
・繼續工作三年以上者，於三十日前預告之。

勞工於接到前項預告後，爲另謀工作得於工作時間請假外出。其請假時數，每星期不得超過二日之工作時間，請假期間之工資照給。

雇主未依第一項規定期間預告而終止契約者，應給於預告期間之工資。（第十六條）

三、資遣費

・在同一雇主之事業單位繼續工作，每滿一年發給相當於一個月平均工資之資遣費。

・依前款計算之剩餘月數，或工作未滿一年者，以比例計給之。未滿一個月者以一個月計。（第十七條）

抬棺抗議　遭到起訴

位在台北縣新莊市的東菱電子公司，在一九九五年十二月間「倒閉」，老闆詹××積欠員工退休金、資遣費達一億餘元，員工組自救會討債，無功而返，苦思無策時，適逢一九九七年底台北縣長選舉時，舉行抬棺遊行抗議縣長侯選人謝深山（前勞委會主任委員），在職期間未能替他們主持公道，向雇主討回資遣費。因抬棺反謝的過程違反集會遊行法，遊行總指揮林××，總領隊吳××兩人被板橋法院地檢署檢察官依法提起公訴。

首次開庭後，被告吳××指出：「東菱電子公司服務年資最久的勞工達二十四年十一個月，只差一個月就可領到退休金，老闆詹××卻惡性倒閉，迄今逍遙法外，員工不僅拿不到退休金、資遣費，還因遊行抗議而被起訴，希望法官明察秋毫。」

苦命的勞工　薄情的老闆

「拿不到資遣費，又因違反集會遊行法而官司纏身，這麼苦命的勞工，人未亡，但家已破；薄情的老闆，卻逍遙法外，難道是前世的孽債今世報嗎？」失業、無助的弱者發出微弱的喃喃自語聲，誰能聽得到？聽到了又能怎麼樣？台灣諺語說「人肉鹹鹹」，老闆耍賴不給，只有靠公權力的伸張，才能討回「公道」與「正義」。

4 平均工資如何算才合法？

設廠在台北縣林口鄉的台灣美國無線電公司，係生產電晶體、整體電路、彩色電視機等產品。在一九九三年間，曾派遣蔡姓等七名勞工赴大陸深圳工廠做暫時性技術支援，按月加發基本薪資百分之四十的海外津貼與每天給與港幣一百元的差旅費津貼。

海外津貼判決　屬經常性給與

七名勞工返台後不久，被公司資遣，因而發生勞資糾紛，勞工一狀告到板橋地方法院，要求派赴大陸工作期間所領到的海外津貼與差旅費，應視爲經常性給與，列入平均工資，計算資遣費。雖然資方代表在庭訊反駁稱，海外津貼與差旅費是暫時性的給與補助，一旦調回國內即不予補助，何況勞工在派遣函上均簽字同意將來不計入資遣費計算。

法官認爲勞動基準法規定的工資係指：「勞工因工作而獲得之報酬：包括工資、薪金及

按計時、計日、計月、計件以現金或實物等方式給付之獎金、津貼及其他任何名義之經常給與均屬之。」該公司員工停留在大陸地區，是按月領取海外津貼，足堪認定為經常性的給與，應計入為資遣費的平均工資；另外因該公司的員工每月可領取交通費二千五百元，伙食津貼一千二百元，合計為三千七百元，赴大陸深圳的員工則以每天一百元的港幣代替，性質上與在台灣的員工領取交通、伙食津貼相同。資方雖辯稱，勞工接受派遣赴大陸時，已簽名同意該兩項津貼不計入退休金及資遣費中，但該項約定與勞動基準法強制的規定相違背，約定應視為無效。

法官依違反勞基法第十六條（雇主終止勞動契約之預告期間）、第十七條（資遣費之計算）終止勞動契約發給勞工資遣費的規定，並審酌台灣美國無線電公司已依法給付勞工資遣費的差額，判處該公司罰款新台幣七萬五千元，主管業務的副總經理秦××罰款新台幣七萬五千元。（註一）

平均工資定義　牽涉領多領少

平均工資該如何計算給與，是見仁見智的問題，因為法律無法鉅細靡遺的條列出來，母法底下的「施行細則」也只能「抓重點」延伸母法立法精神，而行政院勞工委員會解釋令則

在法令位階上較低，因而「法不明處」要有勞工法庭來「依法裁奪」，一審敗訴，不服一方可上訴高等法院再「評理」，有時候一件勞資糾紛案，一、二年才能結案。爲了不「擾民傷財」，茲將計算資遣費的平均工資牽涉的相關條文臚列如下：

一、工資定義

謂勞工因工作而獲得之報酬：包括工資、薪金及按計時、計日、計月、計件以現金或實物等方式給付之獎金、津貼及其他任何名義之經常給與均屬之。（勞動基準法第二條第三款）

二、平均工資定義

謂計算事由發生之當日前六個月內所得工資總額除以該期間之總日數所得之金額。工作未滿六個月者，謂工作期間所得工資總額除以工作期間之總日數所得之金額。工資按工作日數、時數或論件計算者，其依上述方式計算之平均工資，如少於該期內工資總額除以實際工作日數所得金額百分之六十者，以百分之六十計。（勞動基準法第二條第四款）

三、不列入平均工資計算之事由

依本法（勞動基準法）第二條第四款計算平均工資時，左列各款期間之工資及日數均不列入計算。

一、發生計算事由之當日。

二、因職業災害尚在醫療中者。

三、依本法第五十條（分娩或流產之產假及工資）第二項減半發給工資者。

四、雇主因天災、事變或其他不可抗力而不能繼續其事業，致勞工未能工作者。（勞動基準法施行細則第二條）

四、經常性給與之定義

本法（勞動基準法）第二條第三款所稱之其他任何名義之經常性給與係指左列各款以外之給與。

一、紅利。

二、獎金：指年終獎金、競賽獎金、研究發明獎金、特殊功績獎金、久任獎金、節約燃料物料獎金及其他非經常性獎金。

三、春節、端午節、中秋節給與之節金。

四、醫療補助費，勞工及其子女教育補助費。

五、勞工直接受自顧客之服務費。

六、勞工婚喪喜慶由雇主致送之賀禮、慰問金或奠儀等。

七、職業災害補償費。
八、勞工保險及雇主以勞工爲被保險人加入商業保險支付之保險費。
九、差旅費、差旅津貼、交際費、夜點費及誤餐費。
十、工作服、作業用品及其代金。
十一、其他經中央主管機關會同中央目的事業主管機關指定者。（勞動基準法施行細則第十條）

五、解釋令

■年度終結之應休未休特別休假併入平均工資計算疑義

勞工因工作而獲得之報酬，不論是否屬於經常性，依勞動基準法第二條第三款之規定，均係工資。雇主依同法（勞動基準法）第三十九條（假日休息工資照給及假日工作工資加倍）發給勞工於特別休假日未休而工作之工資，如在計算事由發生之當日前六個月內時，依法自應併入平均工資計算。惟事業單位如採由勞工自行擇日休假之方式，則於年度終結雇主發給之應休未休日數工資，係屬勞工全年未休假而工作之報酬，故於計算平均工資時，上開工資究有多少屬於平均工資之計算期間內，法無明定，應由勞資雙方自行協商。（行政院勞工委員會八十・二・六台（八十）勞動二字第〇一七四七號函）

■○○○先生函詢其於七十七年十一月一日退休，可否要求事業單位發給年終獎金

○○○先生函詢其於七十七年十一月一日退休，可否要求事業單位發給年終獎金一案，請依權責及貴處七八．四．十二勞二第一○五一六號函逕予核處。（行政院勞工委員會七八．五．十一台（七八）勞動二字第一一九一五號函）

勞工年終獎金的發給，勞動基準法第二十九條（優秀勞工之獎金及紅利）所定要件為勞工全年工作無過失者；台端雖全年工作達十個月，仍不符合領取年終獎金的要件，惟如事業單位有較優之規定時，自可從其規定。（台灣省政府社會處七八．四．十二勞二字第一○五一六號函）

■勞工搭乘交通車未支領該項津貼於退休時該項津貼不併入平均工資計算

依勞動基準法第二條第三款工資定義略以「……按計時、計日、計月、計件以現金或實物等方式給付之獎金、津貼……」及同法第二十二條第一項規定略於「……工資之一部以實物給付時，其實物之作價應公平合理，並適合勞工及其家屬之需要。」故事業單位提供接送之交通車非屬上開規定之實物給付，未支領該項津貼之勞工，於退休時該項津貼無併入平均工資計算之規定。（行政院勞工委員會七七．十二．二八台（七七）勞動二字第二九六一七號函）

■勞工定期固定支領之伙（膳）食津貼應列入平均工資計算

勞動基準法第二條（定義）暨施行細則第二條（不列入平均工資之事由）、第十條（經常性給與之定義）關於平均工資之計算及工資中非經常性給與項目中，均未將勞工定期固定支領之伙（膳）食津貼排除於工資之外，故事業單位每月按實際到職人數核發伙（膳）食津貼，或將伙（膳）食津貼交由伙食團辦理者，以其具有對每一位在職從事工作之勞工給與工作報酬之意思，應視爲勞工提供勞務所取得之經常性給與，於計算平均工資時，自應將其列入一併計算，不因給付方式不同而影響其性質。

事業單位如係免費提供勞工伙（膳）食，或由勞工自費負擔，事業單位酌於補助，且對於未用膳勞工不另發津貼或不予補助者，應視爲事業單位之福利措施，不屬工資範疇。（行政院勞工委員會七六・十・十六台（七六）勞動二字第三九三二號函）

■預告工資以平均工資標準計給

雇主依勞動基準法第十一條（雇主須預告使得終止勞動契約之情形）或第十二條（雇主無須預告即得終止勞動契約之情形）但書規定終止勞動契約時，應依同法第十六條（雇主終止勞動契約之預告期間）第一項之規定期間預告勞工。若未依規定期間預告而終止契約者，應給付預告期間之工資，該預告期間工資可依平均工資標準計給。復請查照。（內政部七五・

七・三（七五）台內勞字第一九二〇〇號函）

■全勤獎金是否屬工資疑義

勞動基準法第二條第三款工資定義，謂勞工因工作而獲得之報酬，故全勤獎金若係以勞工出勤狀況而發給，具有因工作而獲得之報酬之性質，則屬工資範疇。至平均工資之計算同條第四款定有明文。（行政院勞工委員會八七・九・十四台（八七）勞動二字第〇四〇二〇四號函）

註釋

註一：《聯合報》，一九九八年四月三日。

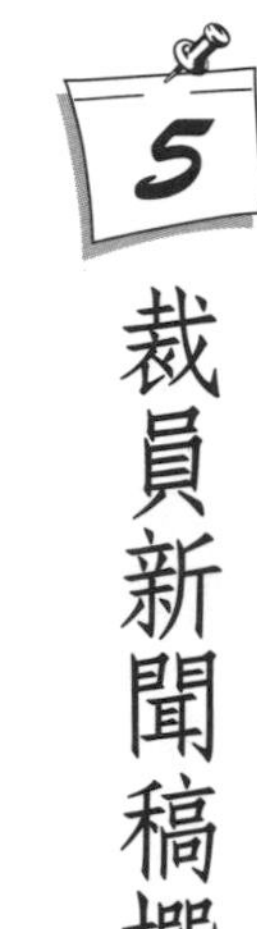

5 裁員新聞稿撰寫技巧

依據「就業服務法」的規定，雇主資遣員工時，應於員工離職之七日前，列冊向當地主管機關及公立就業服務機構通報（第三十四條）。違反規定者，處新台幣三千元以上三萬元以下罰鍰（第六十二條）。

裁員事先通報　法有明文規定

又依據「事業單位大量解雇勞工保護措施」的規定，事業單位因企業經營上之原因，欲大量解雇勞工時，應告知工會或勞工代表，召開勞資協商會議，並斟酌會議結論，提出解雇勞工之計畫書，送請當地勞工行政主管機關備查。其計畫書內容如下：

- 解雇的理由。
- 部門。

・時間。
・人數。
・擇定解雇對象的標準。
・資遣費計算方式及輔導轉業方案等事項。

國外企業裁員動作　正面評價多於負面

在一九八〇與一九九〇年代，國外企業裁員，對投資股東而言，是項利多，因爲一般企業在經營或財務危機有徵兆前，爲維持華爾街的股價，以及使企業競爭實力得以提升，企業就會先祭出裁員的行動，不惜「出售」多年爲企業「賣命」、甚至一度被捧爲企業最寶貴「資產」的一些資深員工。因爲裁員後，人事費降低，經營更會「如魚得水」，股價上漲是必然的現象。

國內企業裁員動作　負面評價多於正面

反觀國內企業的裁員，較少事先做預防，而是企業經營已拖到「病危」時才裁員，裁員成爲利空消息，造成企業「內憂」（員工職業不保）、「外患」（銀行抽銀根、股價下跌）交

叉而來。

企業如何將裁員的負面效應降到最低，而讓裁員正面效果加以增強，讓社會大眾肯定這次裁員，對被資遣員工已盡到企業「應盡」的照顧責任，對股東則替他們每年「省了多少冤枉錢」，這「二面手法」策略，盡在新聞稿的撰寫能力下見眞章。

妙筆要生花　公關來化妝

發布裁員新聞稿，一般以企業形象良好的外商公司、股票上市、上櫃的公司爲主。通常企業在採取裁員前幾天先撰稿，挖空心思找出裁員是「不得不做」的理由，爲資方裁員行動加以「化妝」辯解。在裁員當日將稿件發布給媒體記者參閱撰稿，避免媒體記者在裁員當日到現場外圍向剛走出廠外，訪問到一些再也不怕因對外亂發言而被處分的「鬱卒員工」的心聲，這些捕風捉影的題材，使次日報紙上盡登載這些被裁掉「弱勢者」對企業指責的負面聲音，甚至用「悲情」聳動、誇大的標題引起讀者「先入爲主」對企業「無良心」的批判，讓這一波裁員後要儘快「浴火重生」的企業，卻先要忙著爲「企業形象」這塊金字招牌做「除鏽」工作。

維持競爭力　無理變有理

裁員時，企業新聞稿或答覆媒體記者訪問時，企業公共關係的紮實底子與平日耕耘的媒體人脈就可看出來。舉例而言：在一九九八年十月間，設在新竹科學園區的國內生產掃描器的某大電腦公司宣布裁員當日，該公司行政經理接受記者訪問時說道：「公司資遣員工是不得已的事。」翌日，公司董事長接受媒體訪問時就改口：「以國外而言，美國朗訊、英特爾、IBM等國際大廠均不時進行資遣員工行動，以確保公司永續整體競爭力，可見資遣員工對企業經營而言，並非壞事……」，見報的標題是「裁員為維持競爭力」的積極面表述，才扭轉了「裁員是不得已的事」的企業無奈面。公關表達技巧的高段與拙劣，出自不同層級的發言人，就會有不同的說服力或殺傷力。

臨危不亂　抓住原則

企業裁員時，如果需要面對媒體的追蹤報導時，企業應該把握下列幾項原則：

- 設立發言人制度。
- 主動發布裁員的新聞。

．把握新聞提供的完整性與及時性。
．新聞稿內容之長短，應視所發布消息而定，但力求無贅字。
．讓用稿的新聞記者願意接受這篇稿件，而且可以立即傳送報社編輯採用。
．注意對各種媒體記者一視同仁，公平地對待，切忌有所偏頗，造成不必要的誤解。
．不可傳遞刻意加工改造或太偏向己方立場的新聞。

範例說明　值得借鏡

一九九三年六月二十五日，交通部次長馬鎮方對外發言指出，交通部預定在民國八十六年六月底，百分之百移轉數位式電子交換機技術，正式開放民間可以投資生產現有國內三家三系統（係指台灣國際標準電子公司生產法國的歐科電信系統、台灣吉悌電信公司生產德國西門子電信系統、美台電訊公司生產美國電話電報公司的貝爾電信的數位式交換機系統）的類似產品，打破目前現由三家生產競標的產銷局面，這將是高科技本土化政策的一項重大突破。（註一）

這一則政策宣布後，四年內國內數位式電子交換機將打破三家包辦的產銷局面，因此在「大限」來臨前的一九九五年十二月間就有美台電訊公司與台灣國際標準電子公司先後宣布

裁員計畫，二家企業裁員中，稍晚採取裁員動作的台灣國際標準電子公司在十二月二十四日裁員當日發布新聞稿，十二月二十五日（行憲紀念日，全國放假日）見報，提供給報社記者撰寫此一裁員事件撰稿參考資料，以當日《聯合報》登載為例：

國內三家主要的大型交換機製造廠已有二家宣布裁員計畫。繼上週美台電訊宣布精簡人力百分之十三後，台灣國際標準公司昨天也宣布精簡人力一百零八名，約占員工總數的百分之七。

台灣國際標準電子公司、美台電訊和吉悌電信都是交通部電信總局轉投資事業，分別與法商阿爾卡特、美國AT&T和德國西門子集團共同投資。十多年前為了發展國內電信，行政院曾依行政命令規定國內電話交換機限採購三家三系統，此規定最近遭立法委員抨擊，電信總局已決定自一九九六年的第十一標工程起，打破限於三家三系統的規定。

美台電訊表示，精簡人力計畫主要配合總公司的組織調整計畫，美國AT&T公司今年（一九九五）九月提出改組構想，將原本位居全球第二大電信服務，第三大通訊設備製造集團拆成三家企業。台灣國際標準電子則指出人員緊縮的原因，主

要是國內市場漸趨飽和，新興電信建設未帶給國內業者商機，通訊技術的日新月異又大量縮短工時。（註二）

邊陲勞工　獻上祭台

台灣國際標準電子公司所提到的裁員原因，係新聞稿上的資訊：「國內市場漸趨飽和，新興電信建設未帶給國內業者商機。」不明言政府的政策改變所造成的裁員行動，但含蓄中已「呼之欲出」；而「通訊技術的日新月異又大量縮短工時」又點出傳統產業中裝配人員的勞力工作已爲新科技的新設備功能所取代，這次的裁員，該公司裁員對象屬密集產業下的「邊陲」勞工階層，對想繼續投入高科技通訊產業之專技人才，不會因看到這則裁員報導而卻步。這則「裁員」報導，訴之媒體理由高竿，無損於原先該公司建立的優良「企業形象」，此一範例值得如需要資遣員工的企業，採用這種構思去撰寫新聞稿，百利無一害。

註　釋

註一：《聯合報》，一九九三年六月二十五日。

註二：《聯合報》，一九九五年十二月二十五日。

6 企業裁員教戰守策

企業裁員是何等慎重的事，它關係著被資遣員工的現實居家生活支出，所面臨「斷炊」之苦境，房屋貸款催繳的窘境，子女教育費遲交對小孩在校求學心理的傷害，還有被資遣裁員後，心理上、生理上的憂鬱寡歡，家庭氣氛降到「冰點」，別人好心安慰的話，聽起來變成「話中帶刺」的諷刺，找新工作一次又一次被「滄海遺珠，在所難免，我們會將你的資料放入人才庫，以後有工作機會再通知你」的尋職落空被拒絕的壓力。失業者一旦壓力不能釋出，就會造成勤跑醫院，繳「掛號費」，看「憂鬱症」的醫療費用額外增加，如果再加上以薪資為收入，且是家中唯一「生產者」的人被資遣，所面臨的諸多物質上、精神上的問題，非身臨其境者，是不能體會與了解的。

銀貨兩訖　官司未了

一旦被裁傳聞證實被列入「裁員名單」時，等到「裁員時刻」一到，一手交「離職證明書」，一手拿「資遣費」，雇主與勞工「銀貨兩訖」後，多年的「忠僕」關係，因這張有價證券的給付，使得企業主名正言順的「過河拆橋」，也逼得被資遣者中，少數人一時想不開，心中有太多的「不甘願」，因此想「合法」或「非法」方式來鬧場，這也是企業在資遣作業上不得不愼重的原因。誠如宏碁集團在一九九一年元月的勸退行動時，裁員消息提前曝光，不得不使該企業提前數日「發難」資遣，考慮的是怕員工「鬧廠」，毀棄儲存在電腦內的「智慧財產」。因而企業在資遣作業上，事前、事後，行政工作上的流程，要考慮週詳，不怕一萬，只怕萬一。

企業變革心理調適　搬開石頭六個階段

一般人性都是抗拒改變的，除非被逼到「走投無路」。根據美國學者 Gene Hall 的一項研究發現，當員工面對企業變革時，其心理調適可分爲六大階段：

・渴望了解眞相。

・關心自身權益。
・如何配合變革的執行。
・開始評估利益。
・熱心配合推動。
・心悅誠服，樂於創新。

裁員作業流程　關關緊扣相連

從上述之分析可知，讓員工樂於配合企業變革，尤其在執行「裁員計畫」時，下列數項關鍵要點，值得主事者注意與規劃，才不會遺走了「人頭」，卻失去在職員工的「向心力」，造成雙輸的結局。

一、裁員訴求主題要鮮明

茲以國內某中外合資的一家電子公司爲例，一九九六年底裁員時，企業向員工訴求之理由有：

・總部組織改採矩陣式組織，以產品的營運盈虧，來檢視此產品直接、間接相關的人員的增加或減少員額。

・產品價格的競爭力，由總部統籌分配資源，打破地區性以往傳統由各自報價、出貨的自主性經營模式，使得原先企業一些高獲利之產品或滯銷品之盈餘與虧損，轉由總部所控管。

・在一九八六年，生產一百萬門號數位式交換機，需要直接、間接配置人員約需一千二百名，隨著研發技術的突破，自動化的流程改善，到了一九九六年十年期間，同樣產量僅需二百位員工；而一百萬門號數位式交換機的安裝，十年前要十二人，十年後僅需二位。

・一九九六年國內電信市場正式邁入「電信自由化」的市場，政府保護「國內交換機市場」三家三系統的政策逐漸鬆綁，數位式交換機隨著經濟的不景氣，以及擴充門號已漸趨飽和，週邊的電信產品，隨著自由化的開放，報價紊亂，新產品打入市場，面臨的挑戰，今非昔比。

・大陸數位式交換機市場，訂單與報價已由總部「統包統配」，公司出貨量驟減；外加大陸「九五計畫」，在保護本國交換機產業生根下，限制外商的輸入量。

・原先一門號數位式交換機的報價約美金二百餘元，幾年之間，已下滑至美金百元以下，利潤微薄，還不一定得標。

二、了解企業財務現況寬鬆與困難，以決定資遣費給付的架構模式

- 優於勞動基準法給付資遣費標準。
- 依照勞動基準法給付資遣費標準。
- 低於勞動基準法給付資遣費標準（準備勞資談判的資料）。
- 不給付資遣費（準備五鬼搬運法、資產移轉、關廠、歇業脫殼之計）。

三、通知工會（如果企業成立工會）

- 企業的裁員計畫，是員工的「最痛」，如果工會不「吭聲」，讓企業主「爲所欲爲」，則每個月會員繳會員費的意義何在？企業在裁員時，勞資雙方是站在不同的角度各做「信心喊話」。工作權的保障（勞方），利益的保衛（資方），若此時雙方沒有建立共識與交集，又溝通不良的話，企業訂的「良辰吉時」要出清「人貨」，難度極高。因而企業主在一切裁員規劃謀定後，要先「照會」工會，這時談判技巧就看雙方各擁有多少「籌碼」可交換，找到「不滿意但能接受」的「雙贏」策略，達成共識。
- 如果企業沒有工會組織，裁員阻力較小，但要透過非正式管道來個別疏通已「被貼標記」的員工。

四、慎選裁員日期

任何裁員計畫，企業主決定行動都絕非突然。企業主老早即知道裁員勢必在行，只是擔心引發公司內部的人心惶惶或影響股價，所以縱使裁員「大限日」已訂，但口風甚緊，雖然員工謠言四起，但企業主還是「內方外圓」，等到「時機成熟」，再突然宣布裁員，快刀斬亂麻式的展開創業以來最有效率的資遣活動，但也常常造成非常嚴重的員工反彈，對企業的損傷更大。

企業在擇定裁員日期時，下列三點是要事先想清楚並做決定，才能讓承辦單位之有關人員「按部就班」、「緊鑼密鼓」的「未雨綢繆」準備「起義日」，速戰速決，清理殺戮「職場」。

- 放假日前一天？
- 過年前？過年後？
- 各關係企業同日實施？

五、各單位提出裁員名單

- 裁員的人選標準。
- 各單位配額或百分比例。

六、廠區安全防範措施

裁員前因人心浮動，對廠區安全防範措施要加強巡邏。例如新竹科學園區生產映像管的台灣菲利浦大鵬廠，在一九九八年七月間面臨減產，調整生產線的班次並採取優惠條件資遣員工時，曾發生回收區電熱器爆炸案，雖無人員傷亡，但造成財務損失約三百萬元，廠方也懷疑可能有員工不滿裁員而動了手腳，因此該廠在夜班時間特別加派工程師，配合保全人員巡邏。（註一）

七、撰寫新聞稿

・準備召開記者會的說詞（找一些理由，將裁員的過錯，推給外在經營環境惡劣所致的「非戰之罪」，讓企業裁員被定位爲「正當化」，因爲不願見到「同舟翻覆」，只有「壯士斷腕」，犧牲百分之十到二十的員工，保留百分之八十到九十的精兵，以更具「競爭力」來服務客戶）。

・書面資料（當日不對外發言，以文代言）。

八、裁員報備（七天前）

・當地勞動行政主管機關。

・公立就業服務機構。

九、通知當地派出所

裁員前一天下午，指派專人帶廠區警衛隊長到派出所，當面告訴派出所主管，有關企業裁員日期及大約要裁掉多少人，讓員警在當日早上勤務會報後，加強廠區附近之巡邏，否則裁員當日出事，裁員者聚集廠外「叫哮」，警察獲報才趕來處理，事後警察局怪罪派出所，想想看後果如何？

十、值班警衛人員工作安排

裁員前一日要妥善安排翌日值班警衛人員，透過警衛長的安排，舉行當日特殊情況發生之「紙上」演練，在檢查攜出物品時，被罵不頂嘴。

十一、裁員技巧開秘密授課班

在裁員動員令實施前一、二天（視裁員人數多寡與主管的參與人數，決定講習天數，但最好在同一天內講授，時間不要超過四十分鐘）秘密舉辦，實施「一對一」或「一對同單位內的主管」授課模式，教導裁員過程中，各種異狀、突發的應對與問題的排除方法。可分爲下列幾點：

・資遣費給付計算標準的說明。

・事前之準備（資遣文件裝成袋子，交給主管點收保管）。

‧資遣當日執行程序表（開始的時間以及希望結束時間）。
‧注意事項（臨時狀況通知處理小組的工作範圍）。

十二、領取的支票簽收

‧交給各主管代發資遣費支票總表的簽收。
‧提醒主管在被資遣員工領取資遣費時，請被資遣員工在已印好的文字收據下方簽字：「本人已於××年××月××日從××××股份有限公司領到上述金額新台幣×百×拾×萬×千×百×拾×元整（××銀行××分行支票號碼×××××號）。本人離職生效日為××年××月××日，並已辦妥離職手續。」簽字後並填上日期。

十三、發給被資遣員工離職證明書

十四、發給被資遣員工個人勞工保險單副本及全民健康保險轉出單

十五、文件匯總整理

‧清點各主管繳回被資遣員工已簽字的收據。
‧繳交支票票據存根聯給財務單位。

十六、裁員名單郵寄有關單位

用掛號將資遣名單郵寄至當地勞動主管機關及公立就業服務機構。

十七、停付薪資

通知發薪單位承辦人停付被資遣員工的薪資。

十八、資遣費支出總表

結清此次資遣員工各項支出明細表，提出列冊的「資遣費支出總表」予財務單位，以申報所得稅。

十九、退保

資遣行動結束後翌日，辦理勞工保險退保、勞工保險自費續保（加入勞保年資十五年以上，尚未領勞保老年給付，在其未就業前或不想再就業者，可自由申請，等到符合申領老年給付條件時再退保）、全民健康保險轉出作業與商業性質的團體保險（如果企業有此項保險時）退保。

二十、控告案件追蹤

裁員一週內，注意被裁員者是否有單獨或集體向勞動行政機關申訴案或企業內收發單位有否收到郵局存證信函。

二十一、動員月會

資遣行動「圓滿」結束後，當天下午或翌日，企業主要對在職員工召開「收驚」動員月會，安撫在職者（倖存者），並開始向員工「畫餅」說明目前公司處境是「倒吃甘蔗，越吃會越甜」的境界，大家努力，「好康」馬上來。

二十二、裁員成效檢討會

一週內擇日召開檢討此次資遣計畫不周詳之處（如果還想再不久的將來要第二波裁員的話）。

裁員成效總評　三點指標見眞章

處理裁員行動，並非愉快或輕鬆的，要評估裁員後的「績效」，可檢視下列三點指標：

- 公司的形象無損？
- 留下的員工覺得安心？
- 離職的員工覺得受到尊重？

因此裁員主事者，唯有秉持「誠信」與「承諾」，顧及被裁員者的「尊嚴」與「禮貌」，雨過天青後，讓企業從「陰霾」中看到「曙光」，也讓失業者從一時的「失落」中，找到一盞指引職涯前景的「明燈」，天無絕人之路，就看誰先振作，誰就是勝利者。

註釋

註一：《工商時報》，一九九八年七月十四日。

7 裁員信封袋藏玄機

在《再造宏碁—施振榮》一書中對企業經營者在勸退員工時，心理上的不安與難處，多所著墨，自然是可理解的，平日要員工配合出貨，員工就留下來加班，小孩的晚餐就自理吧！如今企業面臨訂單下滑，產量驟減，企業要度過經營上的「寒冬」，在無計可施下，認爲裁員才能「固本」，犧牲「部分員工」，才能完成「中興偉業」，也是無可厚非的事。

資遣裁員　銀行討債

裁員時，企業主要有同理心，在資遣的過程中，儘可能在物質上、精神上多些關懷與照顧這些在「企業家族」過活已來日無多的「棄嬰」，諸如工作介紹信、人格的尊重等，因爲被裁員者的心靈，不能一次再一次的遭受「踐踏」，雖然這時企業主不僅要處理棘手且讓人難過的內部「裁員」事件外，也要面對外部專門在雨天收傘的金融機構「抽銀根」所施放出

「非善意」的絕招等諸多煩惱的事情要去解決的難處。

攘外要先安內，企業給被資遣的員工資料就要事先妥善準備，減少處理「裁員」過程中「有理說不清」的尷尬場面出現。

資遣信封袋　紙薄情義深

給資遣員工的資料，一般而言，要包括下列的文件，表示企業對員工的「坦誠」與協助「再就業」的誠意與用心。

一、董事長（總經理）致被資遣員工的信箋

宏碁關係企業在一九九一年元月的「勸退」計畫中，董事長致被資遣員工的信，事後行政院勞工委員會曾將這一封措辭誠懇、沈重的信函刊載舉辦的研討會資料上，特轉載如下（註一）：

離職同仁，你好：

企業如人生，有順境，有逆境，過去兩年，受全球景氣下滑的影響，早年的快速成長與獲利表現，已不復見，但在追求成長的過程中，公司組織與人力，曾一再

巨幅擴大，於今市場急速變化，競爭日劇的環境下，經營策略理念必須因應調整，以提升運作之有效性，確保公司之永續經營。

近來，雖採各種節流措施，奈何全球景氣持續低迷，市場壓力不減反增，際茲非常時期，無論為宏碁成敗謀，或為中國企業前途計，進一步精簡組織，縮減人力，已是刻不容緩。

傳統與文化，理智與感情，在此一作業過程中，不時浮現，令人遲疑，惟念宏碁企業，上對國家社會，下對社會投資大眾之責任，勢在必行的道理已至為明顯，對於執行過程，則力求審慎。一切以離職同仁利益為優先考慮的因素，期將影響降至最低。

為能掌握最有力的謀職時機且讓心理獲得適當調適，公司特以優於勞基法多發一個月薪資的方式來處理。

振榮除衷心感謝你過去對公司的貢獻之外，亦鄭重的向你致歉，雖然不敢奢望你的諒解，但卻要強調在全球資訊業一片組織緊縮聲中，我們惟有面對此一事實，莊敬自強，振榮願代表公司全體管理階層坦承不能未雨綢繆預先調整策略方向，以致無法創造公司合理利潤之經營責任，並願以負責之態度及時更張，期能安然度過

此一困境，我們需要你的合作，請支持我們。耑此敬祝

健康

宏碁關係企業董事長　施振榮

八十年一月一日

二、行政部門（裁員策劃單位）致被資遣員工的信函

爲了讓被資遣員工了解此次裁員的原因、它的合法性，以及此次裁員計算優於勞動基準法規定的給付標準及其作業手續，讓資遣行動能順利在資遣員工「雖不滿意但能接受」下，劃下句點，行政部門（裁員策劃單位）一般也要書寫一封得體的文字，「訴苦兼通知員工失業」的信函，給被資遣員工知悉，並尋求諒解與協助。特摘錄國內某家中型企業行政部門給被資遣員工的文稿：

××同仁：

這一年多來，國內有線通訊系統設備廠家競爭激烈，而且本公司外銷產品市場的業務，因價格無法大幅降低，訂單驟減，公司面對此國內外經營環境的遽變，唯有積極將業務性質變更轉型並精簡組織層級，才能確保企業永續經營。

這一年來，公司雖然努力開源節流，仍然無法達到經營成本競爭的需求。在此情形之下，公司逼不得已，確有減少人員之必要，且又無法安排適當工作可供安置該等多餘人力，為求在業務轉型期，公司維持適當的財務營運體質，始能永續經營，形勢所逼，本公司必須在目前採取人員縮減的資遣行動。

我們很難過地通知你，你已被列為被資遣人員之一，你在本公司的最後一個工作日是本（×××）年××月××日，亦即你的離職生效日期是本年××月××日。資遣費除依勞動基準法規定計給外，公司並斟酌目前財務狀況，盡力額外酌予加給。請依照你的主管之指導，辦理各項離職手續。當辦妥各項手續及繳回服務證後，你即可從你的主管處領到資遣費、預告工資等款項的即期支票一張。

本次資遣給付的有關事項說明，茲附於後，以便讓你對各相關問題有所了解，如你仍有問題要知道或詢問，請以電話洽詢部門主管或行政部×××小姐（分機×××）。

這次的資遣帶給你及其家人的衝擊與不便，公司實在逼不得已，我們也感到難過與歉意，相信你會很快的振作起來，如果將來公司經營環境許可，有適合你的職缺，公司將優先再考慮聘僱你。

謝謝你的合作。耑此　敬祝

身體健康

行政部　敬啓

××年××月××日

三、工作介紹信

創立於二〇〇〇年二月十五日的「明日報」，在二〇〇一年二月二十二日宣告歇業時，誠如該公司董事長詹宏志在給員工的信上表示：「在新聞的表現上，在網路特性的探索上，「明日報」工作同仁的特色都讓我感到驕傲，你們沒有做錯什麼，錯的是下決定並籌措資源做這件事的人。」

既然被資遣員工沒有犯錯，但被資遣員工「再就業」歷程中，必須接受求職單位面談「審訊」時，主事者通常會用「異樣」的眼光與一種「先入爲主」的觀念，認定被資遣員工因表現差才會被列入資遣名單而「清倉」出去，才會被「裁掉」，如果最後「二選一」時，有被資遣員工「前科」者，落榜機率最大，這些被裁員者，在職場上的「第二次」、「第三次」……的傷害，値得同情與協助，唯有靠主管一封用辭遣字恰當得體的「求職推薦函」來解圍。這張工作推薦函是主管送給被資遣員工最珍貴的「禮物」，但是往往主管卻打著另一種「盤算」，被資遣員工會不會用這張「文情並茂」的推薦函，到縣政府勞工局告「非法裁員」，或上法院控告「非法解雇」時，提供重要「反敗爲勝」的「復職仙丹」文件。因此主管應該好好仔細研究推薦函的相關政策，提供善意，幫助離職員工順利找到新的工作。事實上，裁員時主管只要能秉公處理，何足懼之。

一九八二年二月，筆者受雇於設廠在基隆大武崙工業區內的安達電子公司（係義大利製造打字機著名廠家來華獨資），因設廠不久，使用電腦繕打文件的消費者已漸普及，「手動」、「電動」機械式打字機市場急速萎縮，該廠生產一年多的打字機產品全球滯銷，不得不宣布關廠。

下列這一封「工作推薦函」，係當年該公司總經理白德隆（Carlo Bertolino）寫給作者的一封推薦求職函，使得作者在處理關廠有關手續後，沒有失業過一天，順利地找到住家附近的外商公司工作。其工作推薦函係用英文撰寫，摘錄如下：

Date: Feb. 11, 1982

RECOMMENDATION LETTER

Dear Sirs,

Mr. J. D. Ting has been employed by AFE from the beginning in Aug.1980 up to now, Feb. 1982 , when our Company has terminated operations.

In this period Mr. Ting has covered the position of Personnel Manager.

We reached a level of about 300 employees, in the various positions, technical , administrative and clerical necessary to an independent factory operation.

All personnel matters in our Company progressed very smoothly, both the quick increase of staff and the laying off, and I thoroughly recommend Mr. Ting as a capable Personnel Manager.

Sincerely

Carlo Bertolino

General Manager

譯成中文大意如下：

敬啓者：

丁志達君自民國六十九年八月創廠時，就受雇於本公司（安達工業股份有限公司）服務，一直服務到我們的公司在今（一九八二）年二月正式宣布歇業為止。

在這一段在職期間，他擔任的職務是「人事經理」的職位。

我們公司雇用的員工約有三百人，包括各種職位的專業性技術人員、行政人員以及一家生產工廠運作、生產所需的人員在內。

他負責本公司有關的人事上的事務，尤其在雇用員工的時效以及在資遣員工的運作上，相當順利、圓滿。本人毫無保留的全力推薦他是一位有才幹的人事經理。

總經理　白德隆

四、資遣有關事項說明

爲了讓被資遣員工能了解其被資遣時，依法應知道的一些法律權利，以及在這次公司資遣員工時，公司做了那些努力，如優於勞動基準法所規定以外的優惠規定等事項，以避免「以訛傳訛」，造成雙方不需要的「節外生枝」困擾。

有關資遣事項說明，約有下列幾項重點加以敘述：

- 當月份薪資結算明細。
- 年終（中）獎金給付明細。
- 年度績效獎金給付明細。
- 分紅給付明細。
- 當年度應休未休特別休假補償規定。
- 預告工資給付明細。
- 資遣費給付明細。
- 資遣費扣繳所得稅的說明。
- 勞工保險退保與續保規定。
- 全民健康保險轉保。
- 商業性團體保險的權益說明。
- 股票出售手續。
- 公事費申報要點。
- 對孕婦的產假補償。

・工作推薦函（需考慮是否造成法律訴訟問題的證據）。

・政府對失業者的就業輔導、訓練與各種補助款措施的宣導。

・其他有關牽涉到資遣各項事項的詢問窗口。

註釋

註一：《實踐勞工政策之模範企業專刊》（一九九一），行政院勞工委員會，卓越文化事業公司主辦。

裁員給付說明白講清楚

資遣員工是要「法」、「理」、「情」兼顧的大事，被點名列入裁員名單的人，是蠻痛苦與無奈的，未被裁員者多少會同情被裁員者，只是不說出來而已。

唯唯諾諾　諤諤之士

主管的角色在平日是要把「人」、「事」管好，在裁員動員令下，卻在一夕之間轉換角色，「事」照做，「人」要勸退，以前「唯唯諾諾」的部屬，如今個個「不聽話」，你說裁員有多難就有多難。因此裁員有關給付的項目，就需要鉅細靡遺的寫清楚，說明白，因「裁員風暴」過境後，失業者已經有空閒多餘的時間，在家一筆一筆計算資方在資遣費給付上有沒有「坑人」、在錢財上有沒有再被「剝一次皮」，以及失去「企業家庭」照顧後，自謀生機時，失業者需要知道政府協助他們的再就業資源要如何運用，都是被裁員後，這些失業者最

關心、面臨的問題。因此企業有責任在裁員時，從被裁員者之立場，告訴他們「知」的權利。

給付明細　翔實臚列

下列舉例說明有關企業裁員時，各項給付明細項目說明要點（假設裁員時間在十二月下旬），提供參考：

一、十二月份薪資結算明細

雖然你的離職生效日期是本（××）年十二月二十五日，你的服務年資依法計算到十二月二十四日（上班最後一日），但是你的十二月份薪資，公司從寬給付至十二月底（給付整個月薪資）。

二、當年度年終獎金給付明細

依照公司慣例，下半年一個月年終獎金發放之規定，員工需在本年十二月底前在職且服務滿六個月的員工，於翌年元月發給一個月本薪的年終獎金，在十二月底前離職員工不發給年終獎金。本次公司仍然從寬發給你年終獎金，凡本年七月一日（含）以前到職，連續服務公司至資遣日者，均發給相當於一個月本薪的年終獎金；七月一日以後到職員工被資遣者，

按服務月數比例（服務未滿一個月者，以一個月計）計算發給。

三、年度績效獎金給付明細

年度績效獎金的發給，公司係依當年度公司的財務經營績效狀況，而於翌年農曆春節前，對在職的員工依年度考績等第發給不等之績效獎金。本次公司仍然從寬發給你的績效獎金，凡本年一月一日（含）以前到職，連續服務公司至資遣日，均發給相當於一個月本薪的績效獎金；本年一月一日以後到職員工被資遣者，則按當年度服務月數比例（服務未滿一個月者，以一個月計）計算發給。

四、紅利

紅利係指公司年度營運結算後如有盈餘，經股東大會通過撥款發給。本次經董事會核准，依照上年度之紅利分配金額標準，每位員工發給新台幣×萬×千元。

五、應休未休特別休假結算明細

本年度個人應休未休特別休假之剩餘日數（時數），從寬結算至本年底並折合現金發給。

六、預告工資

本次資遣預告工資，是按勞動基準法第十六條規定給付：

・實際服務年資滿三個月未滿一年，預告期間（折合日薪給付）十天。

・實際服務年資滿一年未滿三年，預告期間（折合日薪給付）二十天。

・實際服務年資滿三年以上，預告期間（折合日薪給付）三十天。

七、資遣費給付明細

・資遣費依勞動基準法第八十四條之二：「勞工工作年資自受雇之日起算，適用本法前之工作年資，其資遣費及退休金給與標準，依其當時應適用之法令規定計算；當時無法令可資適用者，依各該事業單位自訂之規定或勞資雙方之協商計算之。適用本法後之工作年資，其資遣費及退休金給與標準，依第十七條（資遣費之計算）及第五十五條（退休金支給與標準）規定計算。」

・本公司成立於一九七〇年，因此在勞動基準法實施（一九八四年八月一日）前之員工工作年資，依法可依照「廠礦工人受雇解雇辦法」規定，期滿三年以上的年資，每多一年年資，僅有相當於十天平均工資的資遣費而不是每服務滿一年給付相當於一個月平均工資的資遣費。本次公司體念此次被資遣員工的處境，並斟酌公司目前財務狀況，因此在計算資遣費上，除一律從優依照勞動基準法第十七條（資遣費之計算）計給外，公司並盡最大努力與誠意，經董事會同意，服務年資在前十五年部分，按服務年資之久暫，酌增不等之資遣費給付基數之百分比率。

・勞動基準法第十七條規定條文如下：

1.在同一雇主之事業單位繼續工作，每滿一年發給相當於一個月平均工資之資遣費。

2.依前款計算之剩餘月數，或工作未滿一年者，以比例計給之。未滿一個月者以一個月計。

八、平均工資計算

平均工資計算，係按照被資遣當日前六個月個人每個月實領薪資的平均數，包括每月的本薪、伙食津貼、交通津貼、夜班津貼及加班費給付的金額計算。

九、資遣費免稅、課稅說明

所得稅法對資遣費免稅、課稅之規定如下：

・一次領取總額在十五萬元乘以退職服務年資之金額以下者，所得額為零。

・超過十五萬元乘以退職服務年資之金額，未達三十萬元乘以退職服務年資之金額部分，以其半數為所得額。

・超過三十萬元乘以退職服務年資之金額部分，全數為所得額。

・退職服務年資之尾數未滿六個月者，以半年計；滿六個月者，以一年計。

至於預告工資、薪資、獎金、紅利等所得，均須依所得稅法規定課稅。

十、勞工保險加、退保部分

・依照勞工保險條例第十一條（強制保險勞工所屬事業之義務）規定，勞工保險係在職保險，任何員工離職，公司均須即予退保。但又依照勞工保險條例第九條之一（繼續參加勞工保險）規定，被保險人參加勞工保險年資合計滿十五年，被裁減資遣而未找到新工作單位前，自願繼續參加勞工保險者，可由投保單位（本公司）爲你辦理普通事故保險，至符合請領老年給付之日止，但你必須每個月自行負擔百分之八十之保險費。

・如你符合前述規定可選擇自願繼續參加勞工保險時，請即塡妥申請書（附於信封袋內）交給主管，行政部門將替你向勞保局辦理申報，以維護你的權益；如果你符合申請條件，現在未申請保留，則在你離職九十天後會喪失此一權利。

・凡未申請保留勞工保險者，本公司將依勞工保險條例規定，在你離職後予於退保。

十一、全民健康保險轉保

依全民健康保險條例第十六條，員工離職後均須予於退保（轉保）。你本（十二）月份之全民健康保險費免繳（由新加保單位扣繳）。在本月底之前你可繼續使用全民健康保險卡

就診。在你尚未找到新工作單位前，你可按下列方法辦理加入全民健康保險：

・配偶有職業者，由配偶的工作單位為你加保。

・直系血親有職業者，由直系血親的工作單位為你加保。

・配偶與直系血親均無職業者，請至你的戶籍所在地市（區）、鄉、鎮公所辦理加保。

十二、團體綜合保險（××保險公司）

・本公司原先為你在職加入的團體綜合保險，依團體保險合約規定，在你離職後退保，但你或你的眷屬參加的「醫療給付團體保險」部分，其權益保留至本（十二）月底。如你在本月底前，仍有未申報之住院醫療費用，請你在月底前，檢附住院證明及收據申請理賠，本項經辦人×××小姐（分機×××）。

・理賠核准金額，將會用掛號郵寄給你。

十三、公司股票

由於公司為上市公司，你如持有本公司股票，可在股票公開交易市場，委託證券公司賣出或繼續持股。

十四、公事費用申請

如果你還有一些公事費用，例如零用金、出差費等尚未申報之款額時，請向你的原主管申報，經部門主管按照一般手續簽准後，公司當即予於結算，並以掛號寄至你指定的地址。

十五、對懷孕員工之補助

如果妳已經懷孕三個月以上，公司將特別發給妳相當於八週本薪的產假補助費，但務必請妳依下列手續辦理申請：

・於本（十二）月××日前，繳交公立醫院證明妳已懷孕三個月以上之證明書（請在證明書之空白處註明妳的通訊地址和聯絡電話）給行政部×××小姐（分機×××）辦理補助。

・如果公司認爲有必要，得要求申請人再到公司指定的醫院做進一步檢查。如拒絕複檢，視同未符合申請條件，則不予補助。

・補助款將於收到妳申請資料一週內，以掛號信將支票寄至妳指定的地址。

十六、就業輔導服務

・如果將來公司經營環境許可，將會優先考慮再聘僱你；如果其他公司有適當工作機會，也會與你聯絡，盡力給你協助。信封袋內附有一封求職推薦函，當你在求職時，可斟酌提供給應徵單位有關面談人員參考使用。

・下列是台北縣三處就業服務站之地址與電話，供你參考使用：

中和就業服務站（中和市235景平路239之1號　電話：2942-3318）

板橋就業服務站（板橋市220民族路37號　電話：2959-8856）

三重就業服務站（三重市241重新路三段120號　電話：2989-7157）

十七、有關其他事項之詢問

如果你想更詳細了解有關勞工保險、全民健康保險及團體保險事項的詢問，請你洽詢行政部×××小姐（分機×××）解答；其他有關事項的詢問，請你洽詢行政部×××小姐（分機×××）解答。

工欲善其事　必先利其器

古人說：「工欲善其事，必先利其器。」裁員時，如果被裁員工手上人人有一份說明書，行政部門人員的電話就不會響個不停，挨罵聲也少了。服務不是每天接不完的電話，做事講求效率與品質，就先要有一份「貼心」，站在「對方」想問題的做事方法。如果每天向主管抱怨忙不完工作的員工，下一波裁員時，就讓他回家休長假罷！

資遣費課稅須知

在一九九八年五月三十日所得稅法修正公布前，勞工領到的資遣費是完全免稅的。自此以後，勞工領取資遣費課稅須依據領取金額多寡與服務年資二者有關連性，低收入者可以免稅，高收入者要繳稅。

所得稅法第十四條第九類

所得稅法第二章第十四條綜合所得稅第一項：個人之綜合所得總額，以其全年下列各類所得合併計算之。其中第九類的規定如下：

凡個人領取之退休金、資遣費、退職金、離職金、終身俸及非屬保險給付之養老金等所得。但個人領取歷年自薪資所得中自行繳付儲金之部分及其孳息，不在此限：

一、一次領取者，其所得額之計算方式如下：

・一次領取總額在十五萬元乘以退職服務年資之金額以下者，所得額爲零。

・超過十五萬元乘以退職服務年資之金額，未達三十萬元乘以退職服務年資之金額部分，以其半數爲所得額。

・超過三十萬元乘以退職服務年資之金額部分，全數爲所得額。

・退職服務年資之尾數未滿六個月者，以半年計；滿六個月者，以一年計。

二、分期領取者，以全年領取總額，減除六十五萬元後之餘額爲所得額。

三、兼領一次退職所得及分期退職所得者，前二款規定可減除之金額，應依其領取一次及分期退職所得之比例分別計算之。

第一項第九類規定之金額，每遇消費者物價指數較上次調整年度之指數上漲累計達百分之三以上時，按上漲程度調整之。調整金額以千元爲單位，未達千元者按百元數四捨五入。其公告方式及所謂消費者物價指數準用第五條第四項之規定（所謂消費者物價指數係指行政院主計處公布至上年度十月底爲止十二個月平均消費者物價指數）。

員工自繳儲金部分免稅

在上述條文中所規定：「個人領取歷年自薪資所得中自行繳付儲金之部分及其孳息，不

在此限。」例如公司有退（離）職金提撥制，每個月會從員工薪水中固定扣除一定比例的退（離）職金，並儲存生息，所以員工所領到的部分退（離）職金等於過去自己存下來的錢，就不算是退職所得。

要不要繳稅　舉例來說明

至於資遣費申報方式，舉例說明如下：

一、甲君服務二十年，不幸公司宣布歇業，甲君一次可以領到二百八十萬元的資遣費，稅法規定最低免稅額爲三百萬元（15萬元×20年服務年資＝300萬元），因此，甲君所領到的資遣費完全免稅，不用申報所得。

二、乙君服務二十年，不幸遭到公司資遣，乙君一次可以領到五百萬元的資遣費，課稅規定如下：

・稅法規定最低免稅額規定爲三百萬元（15萬元×20年服務年資＝300萬元）。

・另外二百萬元（500萬元－300萬元＝200萬元），尚未達六百萬元（30萬元×20年服務年資＝600萬元）的上限，則以半數一百萬元爲應稅所得稅。乙君領取五百萬元的資遣費，總計應申報所得稅額爲一百萬元（200萬元÷2＝100萬元）。

三、丙君服務二十年，不幸公司最近宣布關廠被資遣，丙君一次可以領到一千萬元的資遣費，課稅規定如下：

·稅法規定最低免稅額爲三百萬元（15萬元×20年服務年資＝300萬元）；

·另外七百萬元（1,000萬元－300萬元＝700萬元），要再分成二種方式計算課稅金額：

1.其中半數要課稅的部分是三百萬元（超過15萬元×20年服務年資＝300萬元）課稅一半；未達三百萬元（15萬元×20年服務年資＝300萬元）免稅，即一百五十萬元（300萬元÷2＝150萬元）。

2.全額應課所得稅爲四百萬元〔（1,000萬元－300萬元（免稅）－300萬元（課稅一半）＝400萬元〕。

3.丙君領取一千萬元資遣費，總計應申報所得爲五百五十萬（150萬元＋400萬元＋550萬元）。

公營事業民營化　優惠給付應課稅

至於公營事業民營化，從業人員依公營事業移轉民營條例及相關法規發給離職人員的離職給與或留用人員年資結算，以及加發六個月月薪、一個月預告工資及久任獎金的補償等，

都屬退職所得性質，依照上述所得稅法的規定，必須定額減免所得稅；但公、勞保權益補償則因具有保險給付性質，可以免納稅。

資遣費收入申報，應併在年度綜合所得稅結算申報書，於每年三月底前向稅捐稽徵機關申報，免得事後被查出漏稅補繳又罰款。

第五篇

上班族群自救

企業為什麼要裁員？

古早的台灣是農業社會，當時流傳著一句諺語：「甘願做牛，不怕嘸田可犁。」勉勵人們要勤勉工作，只要不東挑西選工作，就一定會有工作可做，就像牛隻有田可犁。

甘願做牛，不怕嘸田可犁？

在《歷練—張國安自傳》一書中，有一小節「窮苦的家庭」描述一段放牛的情景：「牛對農家而言，是非常重要的動力，好像是家裡的一份子，所以農家把牛舍和住屋連在一起。牛通常在清晨四點多鐘就會醒來、站著，並且排泄。如果來不及將牠牽到外邊排解，臭味就會瀰漫整個屋子。所以我必須在四點多起床，再冷的天氣也不能偷懶，把牛牽到屋外。差不多到六點鐘，大人就把牛牽到田裡耕作。」（註一）但是今天台灣已經走向工業化，到農家走一趟，犁田、播種、收割已經全部由機器取代，牛對農家的貢獻僅限養牛出售，供牛肉攤賣

牛肉麵用；可是供應牛肉的批發商（古時稱為郊），也不一定買「台灣牛」來宰割，有較便宜的進口牛肉，為什麼一定要用「國產貨」呢？

機械化取代牛　自動化取代人

時代在變，按部就班辛勤工作的基層工作者，也跟「牛」的處境一樣，無法自外於「巨變」潮流下，被活生生剝奪其工作權的機會。勞工如何在這「危機四伏」的職場變遷潮流裡安身立命，就要冷眼旁觀其他企業在經營過程中裁員的案例，思索著自己服務的企業，是否也正駛入這些企業先前經營上曾觸過礁的航道中，以做為在職場上是否要準備或穿上「救職圈」逃職或同歸於盡的心理準備；而企業主也要學習一些在企業經營中觸礁的原因，力求從「前車覆，後車鑑」這句老祖宗的名言中得到啓發與領悟。

下列舉出國內外數家知名企業因裁員而對外公開的原因，讓勞資雙方從中學習，提早應變。

NEC面臨虧損　祭出裁員絕活

全日本最大晶片製造商NEC，因鉅額虧損壓力而宣布逐步裁員一萬五千人，主要的原

因是位於美國PC事業體Packard Bell NEC（簡稱PB-NEC）的經營不善。由於低價位電腦的旋風，以迅雷不及掩耳的態勢席捲全球，PB-NEC市場反應失利與成本壓力升高的雙重劣勢下，付出鉅額的代價。爲了挽回頹勢，NEC不得不祭出裁員一計，藉這次的組織瘦身與高階經營層換手，重新調整NEC的體質，以實現組織再造活力的理想。爲了達到此目標，NEC採調整生產線、削減資本支出、縮編不獲利的事業單位等策略，進行NEC史上最大的企業再造工程。

日產汽車重整　施展殺手本色

在法國雷諾汽車出了名的「成本殺手」高恩，在一九九八年三月空降日本日產汽車擔任營運長，整整花了半年研究重整日產公司計畫，他親自到公司的各個部門提出一些基本但必要的問題：「請問貴部門能夠做些什麼改善？」然後在一九九八年十月十八日大刀闊斧提出三年重整計畫，擬關閉日本本土三家工廠，逐步裁撤二萬一千名員工，並削減產量及降低成本，裁員幅度達百分之十四。人員縮編，包括透過提早退休、遇缺不補、增加雇用臨時雇員和彈性工時勞工等方案，其他重整企業策略，還包括採購成本降低百分之二十，供應商由一千一百四十五家減少至六百家，縮小生產平台由二十四個降至十五個，處分土地、證券和非

核心資產，並陸續出脫「系列集團」的持股，希望讓近年來飽受虧損之苦的日產汽車起死回生。（註二）

摩托羅拉獲利衰退　半導體部門裁員

身為全球第六大半導體業者及第一大行動電話供應商的摩托羅拉公司與包括英特爾在內的晶片業強敵相比，摩托羅拉的價格顯得高昂，在半導體與晶片市場景氣趨緩以及手機銷售業務的獲利衰退下，因而繼西元二〇〇〇年十二月宣布二次裁員後，在二〇〇一年二月九日又對外發表新聞稿聲明指出，該企業半導體部門將透過遇缺不補、自願和非自願資遣、停止契約工與臨時工雇用來裁減工作。此次再裁員人數四千人，裁減員額約占半導體總人數三萬五千人的百分之十二，並大幅削減晶片生產設備資本支出、營運預算並推動業務整合，以改善獲利率。（註三）

擴廠逆轉成關廠　風雲誰能料變天

一九九八年一月間，摩托羅拉副總裁楊次（Richard Younts）來台，曾信誓旦旦的表示，將在台擴編位在中壢的無限通訊零組件的生產規模，並宣示以「台灣據點做為全球無限通訊

零組件的生產基地」的決心，言猶在耳，當年九月十六日卻傳出將出售廠房。消息傳出後，雖然摩托羅拉的主管臨時對中壢員工召開說明會，但對員工未來去處並未具體說明。先前摩托羅拉在台設廠曾有二進二出的紀錄，一次是設廠於台中的液晶顯示器（LCD）工廠，因故關閉後，轉至土城中央路興建黑白電視機工廠，後來也關閉，中壢廠是第三次摩托羅拉在台關閉的工廠，由於摩托羅拉是國際知名的企業，資遣員工的給付也較勞動基準法的給付標準優厚。（註四）

經營連年虧損　萬不得已歇業

設廠在蘭陽平原的中日合資的台旭纖維工業公司的工會代表，在一九九八年八月五日與董事長王永慶協商時，王董事長還向工會保證「根留台灣」，但八月七日清晨，宜蘭廠布告欄上出現一張公告，內容如下：

近幾年來，因經濟景氣逆轉與纖維加工產品市場急速萎縮，導致本公司營運績效長期不振，連年虧損，面對此經營惡劣環境，本公司在萬不得已情況下，決定於八月七日起結束宜蘭廠生產作業，該廠員工自該日起終止勞動契約，並悉依勞動基準法之規定辦理資遣、退休等事宜，而有關員工之資遣費、退休金、將由本公司依法核算，於八月十八日早上八時起於宜蘭廠管理課辦理發放，尚祈　同仁予以配合領取。

在台旭關廠前三年，該廠即陸續將廠內設備遷往大陸杭州，在該地設立工廠，並將母廠部分生產線遷往杭州廠，宜蘭廠逐年減產，員工人數業從一千六百餘人減少到四百餘人，最後走向關廠。（註五）

嘉裕西服換裝　吹熄燈號好就寢

專門生產女裝外銷的嘉裕公司中壢廠，一九九九年才慶祝創廠三十年，事隔一年的十二月份，即宣布關閉生產線的命運，該廠曾經一度雇用勞工人數達到一千七百餘人，逐年減少到現有員工約二百人。該公司對外說明，由於員工年齡偏高，近幾年獲利衰退，再加上二〇〇一年起，國內實施工時縮短政策，工廠人事成本將因此增加百分之十二點五，實在無法負擔，勞力密集的產業已不適合在台灣生存，結束營業是早晚的事。事實上，十餘年前該公司已經在中國大陸與菲律賓各設了二家成衣廠，海外布點完成，此時此刻，只好對這群平均年

齡已四十餘歲，轉職不易的老員工與外勞說聲對不起，自求多福了。

「明日報」停刊　嘆生不逢時

被戲稱為：「下午茶時間」（T-times）的全球第一份網路原生報——「明日報」，在二〇〇一年二月二十二日停刊，它的挫敗原因是對網路環境成熟時機判斷錯誤，以及動用超過自己能動用的資源，擴充太快，對網路廣告過度樂觀，及網路股泡沫化過快，導致財務發生週轉不靈。企業主推薦一百五十名員工給《壹週刊》聘僱，另外一百三十六員工與不願加入《壹週刊》者則給予資遣。（註六）

宏碁再造　再造宏碁

宏碁集團因為海外公司生產點的獲利不如預期，且虧損拖累母公司的獲利，在二〇〇〇年聖誕節過後第一天，宏碁集團對外宣布企業轉型方向與內容，希望解決經營困境，間接透露了科技產業的超高報酬時代已經過去。二〇〇一年二月十四日對外證實裁撤新竹廠的五百名外勞，並對外宣稱：「適度的人事精簡對企業發展是件好事。」此次該公司下猛藥裁員五百人，已超過一九九一年龍騰計畫失敗後裁員三百人的規模。（註七）九天後，在無預警下，新竹廠與汐止宏碁總部又裁了三百七十餘位本國勞工，主要原因是全球經濟不振，資訊產業獲利下降，雖然二〇〇〇年度在經營上是盈餘，但競爭對手逐年增加，一定要改變企業體質才能永續經營。（註八）

資訊週邊產品　外移風潮日熾

台灣資訊週邊的產品都邁入成熟期，廠商在台灣生產的利潤日趨微薄，以光寶集團為例，二〇〇〇年底為擴大在中國大陸的布局，將台灣表面黏著等生產線移往大陸天津生產，造成台灣上百人員工離職，而同屬光寶集團的致福公司，基於企業瘦身的考量，陸續處分與本業電腦、通訊無關的事業，裁撤人數也在百人以上；同樣的在二〇〇〇年十二月，國內DVD影音光碟片大廠訊碟科技公司，也加入產業外移的行列，將旗下四條DVD影音光碟片的生產線，移往韓國、美國生產，台灣中和廠區的生產線員工裁減九十餘人。（註九）

新廠完工落成　裁員馬上開鍘

高雄聚福工業公司斥資七億元興建的聚丙烯廠剛完工落成，總公司檢討用人費用後，發現有人力過剩，加上一九九八年一整年聚丙烯景氣不好，該公司隨即展開裁員行動。大社石

化區廠商聯誼會指出，國內石化廠老闆比較有人情味，講的是「以廠爲家」，除非萬不得已，不會裁員。但外商公司則「將本求利」，不符合經濟效益的生產廠一定會關閉，冗員太多，檢討成本效益時，往往展開裁員。（註十）

東元資訊觀音廠　裁員訴說源頭

國內家電業享有盛名的東元集團投資的東元資訊公司，在二〇〇一年三月五日裁員二百零七人，從工廠生產線員工、行政財務人員到副總經理均在資遣之列。裁員係因投入映像管事業時機不佳，又碰上電腦監視器價格大崩盤，不堪長年虧損，在經營不敷成本下，公司決定遷廠裁員，至於是否還有下一波裁員，要看監視器產業恢復程度，與新的 OLED 生產線運作而定。（註十一）

賺錢不賺錢　裁員不選邊

總結上述企業什麼原因要裁員，可明顯的分析並理出一些頭緒：

・賺錢的企業，爲了永續經營，也要「健康的」人事調整，裁撤沒有獲利與成長，還在「大樹下乘涼」的事業體，將這些資源重新組合與有效率的運用，所以定期檢討將不能配合企業成長的事業群部分員工離開經營團隊，就會裁員。

・企業賺錢但利潤微薄，也要裁員，以降低人事成本，提升獲利率。

・企業收支兩平，不虧不贏，整年度白忙一場的企業，也要裁員，因爲經營企業不賺錢是罪惡，這些經營團隊下的一些班底成員，就應該有人「負荊請罪」下台。

・賠錢的企業，如果屬「投資型」，老闆認爲放長線一定釣得到大魚，虧本是賺錢的前兆，員工是在「關廠」、「擴廠」的陰陽路上待命，屬於全盤皆贏或全盤皆輸的職涯投注。

・前幾年賺過大錢，但近幾年卻連年虧損，因經營者不服輸，或爲了「面子」不敢認輸，仍在緬懷過去的成功歷史，不思大刀闊斧的企業改造，一直用「老套」管理，一直在「拗」，一直在「拖」，「拗」、「拖」期間，資金東借西挪，一旦周轉成空轉時，裁起員來，既猛又狠，勞工想領資遣費成爲「空中樓閣」。

民國八十四年十二月三十一日，一些被企業主「放煞」（台語）的燿元電子、福昌紡織等關廠失業勞工，因拿不到資遣費，只好夜宿台北火車站過陽曆除夕「慘年」，此場此景，透過電視新聞報導，讓有工作者爲他們灑下同情的淚水，也更珍惜有工作可做是蠻幸福的。

知己知彼，百戰百勝

俗話說：「人不為己，天誅地滅。」經常想一想老闆平日做人的「厚道」程度，也經常看一看自己的「專業」程度，盤點老闆，盤點自己，這時候《孫子兵法》上的名言：「知己知彼，百戰百勝。」就用得到了，能領悟八個字的涵意，在職場上隨時惕勵自己，有朝一日不幸接到裁員令，也就不用到火車站夜宿，不用到高速公路漫步，更不需要到台北市民生東路行政院勞工委員會前廣場綁著寫上「抗議」二字白布條，再跟大夥們一起吃那頓「棄之可惜，食之無味」野餐，聽那些「依法嚴辦」宣示的官話，在「同情，知了」下，結束「沒有答案」的抗議，勞工還不如「平時如戰時」不斷的鍛鍊、擦拭「謀生工具」，因為，擁有的「能力」是不會生鏽的。

註釋

註一：張國安，《歷練—張國安自傳》，天下文化出版公司，一九九四年一月十五日。

註二：《經濟日報》，一九九九年十月十九日。

註三：《聯合報》，二〇〇〇年二月十一日，二十一版。

註四：《工商日報》，一九九八年九月十七日。

註五：《自由時報》，一九九八年八月八日。

註六：《台灣日報》，二〇〇〇年二月二十二日，五版。

註七：《聯合報》，二〇〇〇年二月十五日；《自由時報》，二〇〇一年二月十五日。

註八：《聯合報》，二〇〇〇年二月二十四日。

註九：《自由時報》，二〇〇一年二月十五日，一版。

註十：《經濟日報》，一九九九年二月二十四日。

註十一：《自由時報》，二〇〇〇年三月六日。

2 抵抗失業先練金鐘罩

避免一夕之間成爲無業遊民，平時就要觀察公司內部的營運狀況，與整體產業的變化，同時也要扮演好自己的角色。

行政院勞委會曾公布一份問卷調查報告，資料顯示有高達六成的勞工覺得有工作壓力，以行業別分，其中金融、保險及不動產從業人員，受到一九九八年金融風暴及不動產慘跌的影響，工作壓力冠於各業；以年齡層分，年資久，三十至三十九歲的男性勞工自覺壓力最大；以職業分，行政主管及經理人員的工作壓力最大，其次依序爲專業人員、技術人員及助理專業人員。在工作壓力造成的原因，前途發展、工作本身的問題占百分之二十二點九九，僅次於薪資福利問題。

失業勞工的無奈

一九九八年十一月十二日，包括聯福製衣、燿元電子等桃園縣三百多位失業勞工成員，聚集省立桃園醫院對面的鐵路平交道前，「舊地憑弔」二年前工人臥軌自殺凸顯抗爭的現場，表示二年來對資方依然逍遙海外，官方依舊無可奈何的「不滿」與「怨嘆」，越來越多「同病相憐」的失業勞工，也來參加此一活動，做無言的「痛訴」，當年所有參與臥軌的勞工，總共有七十八位失業勞工被判九個月徒刑，其中有三位還等不及領到「棺材本」，就不幸含恨入黃泉。失業勞工徘徊現場，細細咀嚼失業以來的悲、恨、怨、苦，眼見一列列火車急駛而逝，觸景傷情，場面哀淒，「遇主不淑」，徒呼奈何？

診斷東家營運　未雨綢繆

產業經營環境的巨幅變動，是促進企業裁員關廠的原因之一，上班族要學會像投資人的眼光，仔細觀察企業內部的營運狀況與企業外部整體產業的變化，才能保住飯碗，或在企業經營危機「萌芽」時，未雨綢繆，把自己「武裝」起來，就不怕失業臨頭，自怨自艾，一籌莫展。

診斷企業的經營是否會以裁員來救企業，或以關廠來結束營業，下列的幾項「徵兆」可供參考。

‧領導班底換人做做看。例如總經理突然宣布離職，就要有企業人事大地震的警覺心。北部某大電子公司一位服務二十餘年的總經理辭職，代理總經理上任後，就先裁員一百名，並將一、二年可退休之人員予以資遣。

‧虧損。企業不是救濟院，長期的虧損就會「神不知鬼不覺」的情況下關廠。例如台旭纖維公司宜蘭廠近幾年來，每月虧損二百萬至四百萬元，該廠在一九九八年八月宣布關廠。

‧營業額每月收入遞減。員工可以從每月資方提撥福利金的金額去反算，得到資料。

‧產品售價急速下降。例如早先數位式交換機每一門號可賣到二百餘美元，到一九九八年底，每一門號標到的價格約五十美元，相差四、五倍的價差，裁員要躲也躲不過。

‧人事凍結，遇缺不補，也就是歡迎某些非核心員工自願離職；如果財務結構繼續惡化，不能起死回生，企業的下一招是勸退中、高階主管及年資久的員工；第三招術就是裁員。

‧上市公司財務預測調降公布，由盈轉虧，在業績不能拉長紅下，雇主動「內部員工」

的念頭就出現，減人頭以降低人事成本的支出。

‧庫存增加，貨品滯銷，退貨多，員工只要仔細注意每周、每月出貨卡車次數，貨櫃車出入頻率，就能「目測」企業經營興衰的「蛛絲馬跡」。

‧薪資發不出或拖延發薪日，表示企業資金調度出現異狀。

‧企業被併購，新的團隊組成後，經營策略調整，裁員屢見不鮮。例如加拿大銀行與蒙特利爾銀行在一九九八年合併後，加拿大皇家銀行在台分行就著手裁員。

‧工廠外移海外設廠，當海外工廠量產良率穩定後，母廠的重要性相對的降低，以人事成本高於海外廠爲由，裁員、關廠招術就紛紛出籠。例如華隆公司馬來廠因生產成本較低，一九九八年獲利約十一億元至十二億元，當然虧損的台灣中和廠只好「關廠大吉」。

‧設備更新，自動化作業。例如石化業福聚工業公司斥資七億元興建的聚丙烯製粒廠剛完工，即展開裁員行動。

‧法律鬆綁。例如以前政府爲保護「國產品」的一些優惠措施，隨著爲加入ＷＴＯ國際經貿組織，市場開放，自由競爭，當年吃政府奶水長大的企業就會調整內部組織與經營策略，以迎戰「你死我活」、「我死你活」的價格戰，輸的一方，只好先找員工算

帳，裁員以圖東山再起。

・國營企業民營化，這是世界潮流，恐龍型的組織架構，要變成「龍騰虎躍」的小而美組織，國營企業要瘦身，就要精簡人事。這幾年來，台灣汽車公司由一萬多人逐步減到三千多人，就是一個例子。

・近年來企業沒有新研發的產品問世，代表企業步入「傳統產業」，人事費用年年「加薪」，售價節節下滑，印證了一些裁員企業老闆的話：「裁員是不得已的事。」

・同一行業竄出了新的競爭對手，會使一些「艱苦經營、薄利多銷」的企業，將市場拱手讓給後起之秀，只好「節食縮衣」裁員度小月。

・新法令出爐，增加營運成本。例如防治污染法的公布，許多原先「克難設備」的企業，要投入大量資金做防治污染的預防工作，考慮到回收資金的問題，只好歇業。例如新竹李長榮化工廠因污染被當地居民圍廠而關廠。

經營企業有風險，有些老闆甚至因觸法而「鋃鐺入獄」被判刑；對於「吃頭路」的上班族，也要體認企業聘請你來工作，是要你做一位有高附加價值的員工，在工作上要百分之百的投入心血，努力工作，千萬不能吃裡扒外。企業經營失敗（除非資金被老闆掏空），老闆有責任，員工也有責任。

檢視自我能力　及早佈樁

上班族在企業內要扮演好自己最恰當的角色，同時也應無時無刻自省下列幾項問題：

- 如果我是上司的角色，目前我的工作表現，上司會想繼續重用我嗎？
- 在組織內，上司是否已經不動聲色的找到接班人，隨時準備取代我的工作？
- 我現在領的薪水與工作附加價值是否對稱？這份薪資到其他企業也會用同一的薪資錄用我嗎？
- 我的技術、專業知能，是否能跟得上企業未來發展的策略需求？
- 我有沒有進入高階管理層的潛力？
- 在組織變遷中，如果換上新上司，他會重用我嗎？我會被新上司重用的優點在那些方面？我的工作經驗與新上司是互補性？或同質性多？
- 在企業內，我是屬單一專長？多項專長？
- 企業將我外放到海外（異域）工作，我在台的工作由誰接替？調回台灣總部後，我有「新位子」可坐嗎？原來職務會「鳳還巢」嗎？
- 我是否經常翻閱報紙人事欄或求才網站的出缺職位？我的職位是時常出現在各行業

「網羅」的人才嗎？還是沒有找到這一類的求才職位？

・我是工會的幹部嗎？福利委員會的委員嗎？退休準備金監督委員會的成員嗎？我有民意（員工群眾）的基礎嗎？

・最近一年，我閱讀多少專業的相關書籍？受過多少訓練課程？

・我的外語能力行嗎？電腦操作技巧懂多少？

・在同業中，我有多少好朋友？如果一旦失業，那些人會幫助我介紹工作？平日我是否能廣結善緣？

以上問題可自問自答，就能檢視自己抵抗失業的韌性。居安思危，上班族要珍惜現在擁有的工作環境，全力以赴，也要爲自己的職涯佈樁，那天老闆翻臉不認人的時候，你才能馬上找到另一棲身之所，也才不會想去睡車站、臥鐵軌，有備無患，就不會吃虧在眼前。

失業危機　隨時引爆

人有生老病死，組織與企業也同樣面臨興盛衰亡的循環。改朝換代，不也說明國家有潮起潮落的時候。面對「不確定的時代」，任何白領、藍領階級的勞工，要拋棄「我服務的公司不會有裁員的動作發生在我身上」的「不信邪」觀念。誠如目前從事臨時性工作，每小時時薪十美元的前芝加哥廣告業務主管所言：「我一直在企業界服務，對公司一片赤忱。現在我覺得自己彷彿是李伯大夢，醒來時世界已全然改觀。企業要的不再是忠誠，而是成績。我們的美國夢是否該醒了？」《新工作潮》。

狡兔三窟　明哲保身

「狡兔三窟」語出《戰國策》，此句成語可運用到現代上班族的就業觀念上，對於自己的職涯風險規劃也要建立「三窟」的概念。

第一窟是要珍惜現在服務單位給你的工作機會和環境，奉獻所長，做一位附加價值高的員工。

第二窟是要有終身學習的實踐毅力，擁有多項謀生的專門技能，隨時吸收新知識，增進處事的就業本錢。

第三窟是人脈（際）網路的布線，一旦被裁員，確能馬上有「貴人」穿針引線，賺到「資遣費」又有「新工作」讓你挑。

上班族有這三窟的認知，縱使裁員風暴來襲，何足懼之！

（本文發表於一九九九年三月二十二日《經濟日報》企業副刊，二〇〇一年三月修稿）

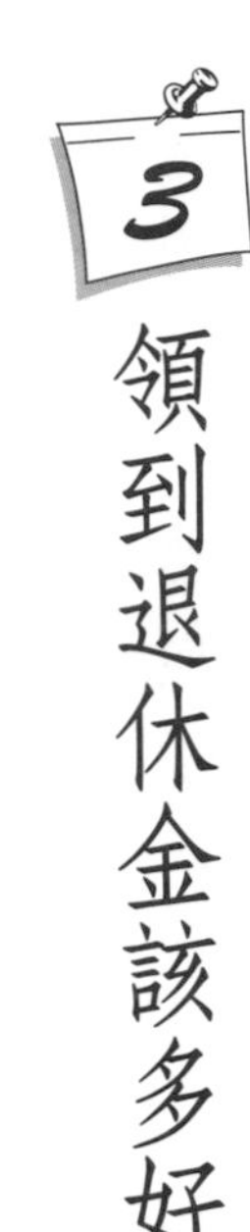

領到退休金該多好！

台北縣新莊市東菱電子公司於一九九五年十二月間宣布關廠，關廠時間距創廠二十五週年僅有數月之差，而企業主又將原先每月依法提撥的勞工退休準備金，巧立人頭「掏空」領走，讓一些與企業共同成長，在職場賣過命的「同志」，「甘苦一世人，到老嘸半項」。

自請退休　強制退休

勞動基準法第六章「退休」，係規範適用勞動基準法適用行業的職工，在工作一段時間後，符合第五十三條及第五十四條之退休條件時，可向雇主申領退休金。

一、自請退休條件

- 工作十五年以上年滿五十五歲者。
- 工作二十五年以上者。（第五十三條）

二、強制退休條件

・年滿六十歲者。

・心神喪失或身體殘廢不堪勝任工作者。

前項第一款所規定之年齡，對於擔任具有危險、堅強體力等特殊性質之工作者，得由事業單位報請中央主管機關予以調整。但不得少於五十五歲。（第五十四條）

由於勞動基準法所訂勞動條件爲最低標準，企業主願意將勞工退休條件放寬給付，爲法所不禁止，但勞工退休條件低於勞動基準法規定，則法所不允許。

給付標準　年資掛勾

依據勞動基準法規定，退休金給付計算標準如下：

・按其工作年資，每滿一年給與兩個基數。但超過十五年之工作年資，每滿一年給與一個基數，最高總數以四十五個基數爲限。未滿半年者以半年計；滿半年者以一年計。

・依第五十四條第一項第二款規定，強制退休之勞工，其心神喪失或身體殘廢係因執行職務所致者，依前款規定加給百分之二十。

前項第一款退休金基數之標準，係指核准退休時一個月平均工資。

第一項所訂退休金，雇主如無法一次發給時，得報經主管機關核定後，分期給付。本法施行前，事業單位原定退休標準優於本法者，從其規定。（第五十五條）

做得愈久　領得愈多

依據勞動基準法第五十七條規定：「勞工工作年資以服務同一事業者爲限。但受同一雇主調動之工作年資，及依第二十條（改組或轉讓時勞工留用或資遣之有關規定）規定應由新雇主繼續予以承認之年資，應予併計。」

服務年資牽涉到退休金、資遣費計算基數給付之標準，但因各行業適用勞基法的時間不一，因此爲避免給付退休金、資遣費基數計算的困擾起見，因此勞動基準法修法時，增列第八十四條之二規定：「勞工工作年資自受雇之日起算，適用本法前（一九八四年八月一日前）之工作年資，其資遣費及退休金給與標準，依其當時應適用之法令規定計算（工廠法、台灣省工廠工人退休規則、台灣省礦工退休規則、廠礦工人受雇解雇辦法）；當時無法令可資適用者，依各該事業單位自訂之規定或勞雇雙方之協商計算之。適用本法後之工作年資，其資遣費與退休金給與標準，依第十七條（資遣費之計算）及第五十五條（退休金給與標準）規定計算。」

鎖定特殊員工　退休金要報備

由於先前桃園線龜山工業區內一家生產女用胸罩的知名公司，其總經理爲領取退休金，「技巧性」先降職當起總經理特別助理，因而領走該廠大筆退休金而轟動社會。政府爲亡羊補牢，仍規定下列勞工從該企業勞工退休準備金內提領退休金時，要先經由地方勞工行政單位查核後始得支領，其規定如下：

退休勞工有下列查核事項者，請備文（函）並檢附【　】中所需資料，掛號郵寄各地勞工行政主管機關核准；無下列查核事項者，請逕向中央信託局申領。

一、退休勞工年齡在四十歲以內者。

【勞工退休金給付通知書、退休勞工人事資料及年資證明】

二、退休勞工職稱爲總經理、副總經理、協理、經理、副經理者。

【勞工退休金給付通知書、公司變更登記事項卡、退休勞工薪資扣繳憑單、非公司法委任證明書】

三、事業單位所訂勞工退休標準優於勞動基準法規定，並事前經地方主管機關核准者。

【勞工退休金給付通知書】

四、同一勞工請領退休金給付超過一次，惟已報地方主管機關分期給付者除外。

歇業廠商之退休金處理

依據「勞工退休準備金提撥及管理辦法」規定，事業單位歇業時，其已提撥退休準備金的處理方式如下：

一、各事業單位提撥之勞工退休準備金不足支應其勞工退休金時，應由各事業單位補足之。（第七條）

二、各事業單位歇業時，其已提撥之勞工退休準備金，除支付勞工退休金外，得作爲勞工資遣費。如有賸餘時，其所有權屬該事業單位。（第八條）

退還退休準備金　備文作業流程

事業單位因歇業申請退還勞工退休準備金，應先備文（函）並檢附下列資料報送核備，再通知中央信託局辦理退還勞工退休準備金事項。

一、已註銷或撤銷工廠、商業或營利事業登記之證明文件影本乙份。

二、勞工資遣費發放清冊五份。

三、歇業時勞工前六個月工資清冊二份。

四、歇業時勞工勞保名冊二份。

五、中央信託局之對帳單影本兩份。

飛躍的青春　無言的結局

二〇〇〇年獲得總統特赦出獄的曾茂興先生，他是在一九九六年率領惡性關廠的數百名桃園縣聯福製衣廠的失業員工臥軌抗議觸法而入獄，他回憶說：「當時的員工都是從花樣年華的二十歲，一直做到兩三個孩子的祖母，剛好到了要領退休金的階段，企業就拋棄他們了。」（註一）因而在私人職場上工作的上班族能夠領到退休金，應該是古人所說的金榜提名、結婚、生子外的第四大喜事。

得之，我幸　不得，我命

台灣產業的主體是中小企業，其平均生命週期約十二、三年，在五〇年代興起的中小企業走到八〇年代中期，許多員工已經到了可以領取退休金的年齡，但不想支付退休金的企業主，卻一走了之，產業外移去了！一輩子在企業圈打滾的勞工，不知要換幾個甚至幾十個老

闆都說不定，這些勞工想領取退休金，就像夜晚天邊的星星，閃閃發光，卻永遠拿不到，也誠如電視劇「人間四月天」中男主角徐志摩所說的一句話：「得之，我幸；不得，我命。」果眞如此，勞工朋友也只能坦然面對這「遇主不淑」的無奈結局。

註　釋

註一：陳良榕，〈面臨高失業時代〉，《天下雜誌》，二〇〇一年二月一日。

第六篇

勞資關係共識

企業變天，勞工變臉

檢視一九九八年所發生的幾件關廠、歇業案例可以發現，一旦勞資協調處理不當，對企業主、員工、員工家屬，甚至社會大眾，都是一種莫大的損失與負擔。

一九八五年十二月，台灣郵政管理局發行一套次年（丙寅）度虎年郵票，想不到一九八六年台灣煤礦業災變連連，北區煤坑多處塌陷，死傷累累，煤礦開採走入了歷史，礦工成爲失業邊緣人，有人就怪罪郵局不應該用「猛虎下山」的圖形做郵票圖案，帶來不祥的徵兆。

猛虎下山，企業也害怕

十二年後的一九九八年，老虎又下山，這一年一些不信邪的企業，不務正業經營，紛紛玩起吃角子老虎的金錢遊戲，使得瑞聯建設、台中精機、廣三集團、傑聯建設、禾豐集團陸續發生財務危機，更發生國揚、順天裕資金被掏空的不可思議案件；而台中中小企銀被擠兌

的事件，就如同一九八五年台北十信案的翻版，企業主雙手一攤，讓政府、投資大眾、員工來概括承受「爛攤子」；連素有「鐵飯碗」之稱、有工作保障的省府官員及約雇人員，也遭到精省後前途事業兩茫茫的無奈。

猛虎已歸山，人見人愛的兔寶寶開始當家作主，檢視一九九八年所發生的幾件關廠、歇業案例，讓企業主、勞工朋友知所警惕，記得「前車覆、後車鑑」的古訓。

依法歇業，勞委會愛莫能助

創廠在一九一八年，經營長達八十一年的士林紙業公司士林廠，在一九九八年十二月二十日走入歷史，關廠歇業。

根據資方表示，士林紙廠一九九八年前十一個月累計虧損二億三千萬元，在考量機器設備老舊、生產效率不彰、廠址又有破壞都市景觀之虞外，再加上因印尼金光集團在大陸投資的大型白紙廠量產，國內白紙板的外銷跟著受挫，紙價低迷不振，董事會乃決定關閉士林廠，這是該年繼雲林斗六萬有紙廠後第二家關閉工廠行動的紙業公司。

士林廠有二百一十三位員工，其中四十一位外勞將依法遣返回國，本國勞工符合退休資格的二十五位員工依法給付退休金，其餘員工有意轉到其他工廠或關係企業的，公司將儘量安排，其他無法安排轉廠者，依勞基法規定資遣，資方承諾在資遣費的發放上，全面採取優惠的規定，年資一年可領一個月薪資基數，另外年資十到十五年的員工加發二個月薪資，十五年到二十年年資者加發三個月薪資，二十年以上年資者加發四個月薪資的慰問金，並依法給予預告工資一個月及年終獎金一個月。

士林紙廠的員工，驟然面臨失業的窘境，部分的勞工自力救濟，前往勞委會申訴，抗議資方迴避與工會協商討論關廠事宜，片面宣布解雇的行爲不合理。但是勞委會的官員表示，資方已給與優於勞基法規定的資遣費，並另給予勞方一個月的預告工資，並未違反勞基法。面對此一陳情案，勞委會也愛莫能助，陳情勞工只能默然離去。

虧損累累，三十年老廠一樣關

一九九八年八月七日清晨，台旭纖維宜蘭廠的員工，跟往常一樣的心情到廠打卡上班，赫然發現布告欄上貼了一張大字報，仔細一瞧，公告的內容是一份關廠公告。

員工獲知資方片面關廠決定後，工會立即張掛「日本狗小金丸——田名瀨充滾蛋」的白布條抗爭與洩憤，現場員工群起激動並忿然指出，該廠職工大多擁有十年以上工作年資，年輕歲月奉獻給公司後，竟然落得一夜間丟掉飯碗的下場。

資方則表示，台旭纖維公司目前每月虧損達二到四百萬元，爲防止公司資產因虧損而掏空，進而影響資遣費與退休金發放，才決定提前停業並關廠。

經過一週的勞資雙方理性溝通，在資方「法外施恩」加發六個月薪資的慰問金協議下，創立在一九六八年三月的台旭纖維公司，在經營三十年後緩緩的拉下鐵門，正式關廠停止營業，四百一十一位員工僅剩下五名守衛留守，其餘人員全數資遣，宜蘭地區一下子就增加了三百戶失業家庭。

一個工作十八年左右的勞工約可領到一百八十萬元的資遣費，原先在工廠擔任小主管的某君說：「景氣太差，宜蘭的就業機會太少了，要不然拿了資遣費存在銀行，還有其他工作做實在不錯。」中年失業的勞工因爲轉業困難，有的仍然在家中坐困愁城，有的則開起計程車，或是擺地攤、做小生意「度小月」。

一九九八年企業關廠歇業的原因，多因景氣不佳，市場萎縮，虧損累累，而無預警的方式讓多年一起打拼的勞工，瞬間丟了飯碗。

資方逃避協商，移送法辦

位在台北縣中和市的偕盈電子公司，一九九八年八月十四日雇主在沒有告知員工的情況

下，公司突然貼出暫停營業的公告，要員工靜候通知，此後老闆就不見蹤影，員工試圖請老闆出面處理善後，也都沒有回應，公司沒人接聽電話，之後還雇人將工廠的出入門戶焊死，員工的私人物品留在廠內也無法取得。

員工向台北縣政府勞工局申訴，要求公司儘速發放七月份及八月份十三天的薪資，還要求依法給付資遣費以及未休特別休假日薪資；勞工局仍通知資方出面與勞方協調，但資方人員始終未現身。勞工局官員表示，雇主若結束營業，必須依法給付員工資遣費，資方如不出面協調，只好依違反勞動基準法，將該公司負責人移送法辦。企業主落荒而逃，勞工才體認到身爲弱勢團體的悲哀。

資遣費打八折，雙方均不甘

位在台北縣蘆洲市的永佳窗簾公司，在一九九八年七月二十八日突然張貼公告，通知員工因廠房租約到期，當月底要遷廠到彰化，並口頭歡迎員工「一起到彰化上班」。勤勞忠誠的二十四名員工，隔天還照常上班，並幫忙公司打包搬遷東西，但資方一直不提「不去彰化作夥」員工的資遣與善後事宜，引起勞工不滿，向勞工局申訴。經協調後，在勞資雙方「心不甘情不願」的情況下，資方依勞基法標準打八折給付資遣費，並在半年後分二期給付，劃下關廠「不完美」的結局。

員工認股，資本有去無回

座落在台北縣汐止鎮汐萬路的聯訊電腦公司汐止廠，主要生產主機板、顯示卡、音效卡等電腦週邊設備，在一九九一年時，曾經是國內第一大主機板廠商，一九九七年營業額三十億元，一九九八年上半年營業額達十五億元，下半年營運就每況愈下，十二月二十一日大約晚上六點多，員工打卡下班之際，才獲悉公司決定次日打烊，全部員工不用再來上班，暮年寒冬，年關將至，二百多位員工面臨失業困境，均不知如何是好。

資方表示，公司受到全球金融風暴、美國英特爾主機板降價等影響，再加上業者從營建業跨足電子業，經營者大部分的資產是不動產山坡地，因汐止林肯大郡災害使山坡地開發受限，價格滑落，銀行緊縮銀根，融資不易等種種原因，每月支付人事成本、利息開銷近三千萬元，董事會不堪連連虧損，決定歇業關廠。

張姓員工說：一九九八年三月公司增資三億四千萬元，開放員工認股，每股面額十元，員工認購金額從幾萬元到數十萬元不等，合計員工入股金額達六千萬元，而十一、十二月份薪水由公司以本票的方式分期發放，大部分員工為共體時艱，皆同意簽字，未料突遭臨時宣

布結算工資，令員工有受騙的感覺。

聯訊電腦汐止廠是租來的，在十二月底到期，房東不再續約。英國前首相邱吉爾有一句名言：「酒店關門我就走。」如今廠關了，租退了，公司沒有了「殼」，員工如何「討」回投資公司的股本、資遣費及工資，眞是無語問青天。

用心專注本業，誠信對待員工

一些中小企業的老闆，最近紛紛到廟宇求神庇佑，以紓緩多月來鬱卒的心身與壓力，也許宗教上「心誠則靈」這句話，可爲當下的經營指出方向：企業主用心專注本業，誠信對待員工。向神明許願還願的承諾，不如坦白的向員工表白，有錢大家賺，有苦大家撐，天助人助雙管齊下，讓「企業變天，勞工變臉」的雙輸局面，成爲「企業變革，員工變心」的雙贏結局。

（本文發表於一九九九年二月《管理雜誌》，二〇〇一年三月修稿）

2 裁員衍生法規知多少？

在台灣六〇、七〇年代，台視公司每週日下午有一個「五燈獎」歌唱比賽節目，曾造就許多歌壇上的新秀，這個節目當年是由武田製藥公司提供的。

武田製藥廠　吹熄了燈號

二〇〇一年一月，設在桃園中壢廠已有三十六年的武田製藥廠生產線吹熄了燈號，結束生產線，保留品管以及留守的廠務人員，做爲技術指導和經驗交流之用。台北總公司則負責藥品輸入、銷售的業務。據報載：員工資遣費除按勞基法給付外，對於年資十二年以內員工，每年加付二個月薪資，十二年以上加發二十四個月薪資，由於工廠員工平均薪資達四萬五千元，資遣費算是相當優惠，勞工遇到這樣「明理的老闆」，也就不需自力救濟了。

但根據經濟部統計，二〇〇〇年國內關廠廠家高達四千九百九十五件，大部分關廠失業

的勞工就沒有像武田製藥公司員工那麼「幸運（僅指資遣費）」領到「優渥的資遣費」，他們只要能按勞動基準法規定最低的計算資遣費條件拿到錢就「阿彌陀佛」了。

東菱電子倒閉　老闆被吐口水

一九九五年十二月間，座落在台北縣新莊市，已成立達二十四年的東菱電子公司突然宣布關廠結束營業，資方除了拒發員工資遣費外，連勞方提撥的員工退休準備金也被資方涉嫌侵占，經員工控告，詹姓負責人被依業務侵占罪嫌移送板橋地檢署偵辦。首度開庭時，一群被資方遺棄的員工，特地趕到地院了解老闆上偵查庭問訊情形，當詹老闆步入法院走廊時，員工紛紛對他破口大罵，還有些員工對他吐口水，「唾棄」老闆，眞想不到，原是被奉爲「衣食父母」的企業負責人，如今卻被「笑（譏笑）罵（辱罵）」也不敢頂嘴，讓他急忙衝入偵查庭內，請求法警的「保護」，這樣「狼狽」的老闆不當也罷！

賠錢生意沒人做　長江後浪推前浪

二〇〇〇年國內新設廠家有五千七百三十一家，較關廠家數多七百三十六家，證明經營企業有賺有賠，有「進廠」，也有「退廠」，在一進一退之中，老闆要有正確估算何時能「全

身而退」的智慧，以及了解裁員時的法律規範與應盡的責任，這是「企業家」與「賭家」的分野；而員工不幸「遇主不淑」，也要知道「據理力爭」的法規有多少，才不會像聯福製衣廠關廠後，失業員工因臥軌觸犯「公共危險罪」，「賠了夫人又折兵」的「雙輸」殘局。

國家根本大法　保障工作生存權

由於經濟景氣循環、生產機械化、自動化以及企業經營改革等，均造成諸多勞工失業問題，失業並不能完成歸責於員工個人的不努力工作所致。但是失業對必須依賴工作換取工資，以求溫飽的勞工而言，失業可說是關係著他們生存（活下去的基本開銷）或死亡（生活潦倒而自殺）的問題，所以憲法課以國家權力機關需保障有工作意願及能力的國民工作權。

依據憲法工作保障權立法的「勞動基準法」，就課以雇用者不得任意解雇勞工的約束，例如在規範勞雇關係的法律中規定，雇主要終止勞動契約時，必須有預告期間，否則應給付預告期間的工資。

知法守法　化戾氣為祥氣

組織扁平化是減少人力的一種策略，因而員額精簡為組織精簡最常見的策略之一。企業

一旦決定要裁員時，企業主要清楚知道目前相關法律對裁員所頒布施行的法規並依法執行，才不會違法；而勞工也要知道法律給與在被企業資遣時，有那些法律保障，避免要錢要不到，還要到「勞工法庭」去麻煩法官向資方「討債」。

為了減少造成勞資糾紛，在資遣員工與被資遣的兩造（勞資雙方）之間，應共同遵守下列法條規範：

一、勞動基準法

勞動基準法是指保護個別勞雇關係中「最起碼」的勞動條件的保障，因此實際的勞動契約內容只能更好不能更差，否則違法失效。

■雇主終止勞動契約的條件

- 歇業或轉讓時。
- 虧損或業務緊縮時。
- 不可抗力暫停工作在一個月以上時。
- 業務性質變更，有減少勞工之必要，又無適當工作可供安置時。
- 勞工對於所擔任之工作確不能勝任時。（第十一條）

■預告期間

・繼續工作三個月以上一年未滿者，於十日前預告之。

・繼續工作一年以上三年未滿者，於二十日前預告之。

・繼續工作三年以上者，於三十日前預告之。

勞工於接到前項預告後，爲另謀工作得於工作時間請假外出。其請假時數，每星期不得超過二日之工作時間，請假期間之工資照給。

雇主未依第一項規定期間預告而終止契約者，應給付預告期間之工資。（第十六條）

■資遣費

・在同一雇主之事業單位繼續工作，每滿一年發給相當於一個月平均工資之資遣費。

・依前款計算之剩餘月數，或工作未滿一年者，以比例計給之。未滿一個月者以一個月計。（第十七條）

■改組或轉讓

事業單位改組或轉讓時，除新舊雇主商訂留用之勞工外，其餘勞工應依第十六條（雇主終止勞動契約之預告期間）規定期間預告終止契約，並應依第十七條（資遣費之計算）規定發給勞工資遣費。其留用勞工之工作年資，應由雇主繼續予以承認。（第二十條）

■終止契約之限制

勞工在第五十條（分娩或流產之產假及工資）規定之停止工作期間或第五十九條（職業災害之補償方法及受領順位）規定之醫療期間，雇主不得終止契約。但雇主因天災、事變或其他不可抗力致事業不能繼續，經報主管機關核定者，不在此限。（第十三條）

二、勞動基準法施行細則

依本法（勞動基準法）第十七條（資遣費之計算）、第八十四條之二（工作年資之計算）規定計算之資遣費，應於終止勞動契約三十日內發給。（第八條）

三、就業服務法

- 中央主管機關於經濟不景氣致大量失業時，得鼓勵雇主協商工會或勞工，循縮減工作時間、調整薪資、辦理教育訓練等方式以避免裁減員工。（第二十三條）
- 雇主依法資遣殘障員工時，應於員工離職之日前，將被資遣員工之姓名、性別、年齡、住址、擔任工作及資遣事由，向當地主管機關及公立就業服務機構通報。（第二十九條第一項）
- 雇主資遣員工時，應於員工離職之七日前，列冊向當地主管機關及公立就業服務機構通報。（第三十四條第一項）

四、就業服務法施行細則

・本法（就業服務法）第二十四條（應訂定計畫致力促進其就業）、第二十五條（爭取適合殘障者及中高齡者就業機會）、第二十七條（對殘障者實施適應訓練）至第二十九條（雇主依法資遣殘障員工之通報義務）所稱殘障者，係指依殘障福利法領有殘障手冊者。（第十三條）

・雇主依本法（就業服務法）第三十四條（雇主資遣員工之通報義務及公立就業服務機構之協助就業）規定所爲之通報，其通報內容應包括被資遣者之姓名、性別、年齡、住址、擔任工作及資遣事由等項目。（第十四條）

五、勞工保險條例

被保險人參加保險，年資合計滿十五年，被裁減資遣而自願繼續參加勞工保險者，由原投保單位爲其辦理參加普通事故保險，至符合請領老年給付之日止。（第九條之一）

六、被裁減資遣被保險人繼續參加勞工保險及保險給付辦法

・被裁減資遣之被保險人自願續保者，應於離職之當日由原投保單位辦理續保手續。但投保單位因故未及於離職當日爲其辦理續保或依前條規定由有關團體代辦者，應以被保險人離職之當日起九十日內辦理續保手續。

前項保險效力之開始，自續保申請書送達保險人或郵寄之翌日起算。（第三條）

・辦理被裁減資遣之被保險人續保時，應檢附裁減資遣證明文件或地方主管機關之證明文件或協商記錄影本辦理。

原投保單位因歇業、解散、破產宣告或其他原因結束營業者，應檢附結束營業相關證明文件辦理續保，無法取具證明者，由保險人依事實認定之。（第四條）

七、勞工安全衛生法

勞工如發現事業單位違反本法（勞工安全衛生法）或有關安全衛生之規定時，得向雇主、主管機關或檢查機關申訴。

雇主於六個月內若無充分理由，不得對前項申訴之勞工予以解雇、調職或其他不利之處分。（第三十條）

八、職工福利金條例施行細則

工廠、礦場或其他企業組織經宣告破產或解散後，對於所提撥之職工福利金應依左列辦法處置之：

・因人事、經濟或組織上之變動而仍擬繼續經營者，所提撥之職工福利金應專款存儲，留備續辦職工福利事業之用。

・宣告破產或解散，其業務消滅者所存之福利金，應由職工雙方推派代表會同福利委員會妥擬辦法，分別發給原有職工，並造冊呈報主管官署備案。（第十條）

九、勞資爭議處理法

・本法（勞資爭議處理法）於雇主或雇主團體與勞工或勞工團體發生勞資爭議時適用之。（第二條）

・權利事項之勞資爭議，依本法（勞資爭議處理法）所定之調整程序處理之。（第五條）

・調整事項之勞資爭議，依本法（勞資爭議處理法）所定之調解、仲裁程序處理之。（第六條）

・勞資爭議在調解或仲裁期間，資方不得因該勞資爭議事件而歇業、停工、終止勞動契約或為其他不利於勞工之行為。（第七條）

・勞資爭議在調解或仲裁期間，勞方不得因該勞資爭議事件而罷工、怠工或為其他影響工作秩序之行為。（第八條）

十、工會法

・勞資或雇傭間之爭議，非經過調解程序無效後，會員大會以無記名投票、經全體會員過半數之同意，不得宣告罷工。

工會於罷工時，不得妨害公共秩序之安寧及加危害於他人之生命、財產及身體自由。

工會不得要求超過標準工資之加薪而宣告罷工。（第二十六條）

・在勞資爭議期間，雇主或其代理人，不得以工人參加勞資爭議爲理由解雇之。（第三十七條）

・違反本法（按：工會法）第二十六條（罷工之程序暨限制）各項之規定者，其煽動之職員或會員觸犯刑法者，依刑法之規定處斷。（第五十五條）

・雇主或其代理人，違反第三十七條（解雇勞工之限制）之規定時，除其行爲觸犯刑法者，仍依刑法處斷外，並得依法處以罰鍰。（第五十七條）

十一、鄉鎮市調解條例

・聲請調解，由當事人向鄉鎮市調解委員會以書面或言詞爲之，言詞聲請者，應製作筆錄。書面聲請者，應按他造人數提出繕本。

前項聲請，應表明調解事由及爭議情形。（第九條）

・民事事件應得當事人之同意，刑事事件應得被害人之同意，始得進行調解。（第十條）

‧當事人無正當理由，於調解期日不到場者，視為調解不成立。但調解委員會認為有成立調解之望者，得另定調解期日。（第十七條）

‧調解經法院核定後，當事人就該事件不得再行起訴、告訴或自訴。法院核定之民事調解，與民事確定判決有同一效力；經法院核定之刑事調解，以給付金錢或其他代替物或有價證券之一定數量為標的者，其調解書具有執行名義。（第二十四條）

十二、所得稅法

第九類：退職所得。

凡個人領取之退休金、資遣費、退職金、離職金、終身俸及非屬保險給付之養老金等所得。但個人領取歷年自薪資所得中自行繳付儲金之部分及其孳息，不在此限：

‧一次領取者，其所得額之計算方式如左：

1.一次領取總額在十五萬元乘以退職服務年資之金額以下者，所得額為零。

2.超過十五萬元乘以退職服務年資之金額，未達三十萬元乘以退職服務年資之金額部分，以其半數為所得額。

3.超過三十萬元乘以退職服務年資之金額部分，全數為所得額。

4.退職服務年資之尾數未滿六個月者，以半年計；滿六個月者，以一年計。

・分期領取者，以全年領取總額，減除六十五萬元後之餘額爲所得額。

・兼領一次退職所得及分期退職所得者，前二款規定可減除之金額，應依其領取一次及分期退職所得之比例分別計算之。（第十四條）

十三、集會遊行法

・本法（集會遊行法）所稱集會，係指於公共場所或公眾得出入之場所舉行會議、演說或其他聚眾活動。

本法（集會遊行法）所稱遊行，係指於市街、道路、巷弄或其他公共場所或公眾得出入之場所之集體行進。（第二條）

・室外集會、遊行，應向主管機關申請許可。（第八條）

・室外集會、遊行，應由負責人塡具申請書，載明左列事項，於六日前向主管機關申請許可。（第九條）

十四、事業單位大量解雇勞工保護措施

・事業單位雇用人數在二百人以上者，於連續六個月內解雇勞工逾所雇用勞工總數三分之一，或一次逾三十人；事業單位雇用人數在未滿二百人者，於連續六個月內解雇勞

工適所雇用勞工總數三分之一，或一次逾二十人。

前項規定之解雇勞工人數，包括外籍勞工在內，惟外籍勞工定期契約到期者，不在此限。（大量解雇勞工之定義）

・事業單位因企業經營上之原因，欲大量解雇勞工時，應告知工會或勞工代表，召開勞資協商會議，並斟酌會議結論，提出解雇勞工之計畫書，送請當地勞工行政主管機關備查。其計畫書內容如下：解雇之理由、部門、時間、人數、擇定解雇對象之標準、資遣費計算方式及輔導轉業方案等事項。（雇主之告知及協商義務）

・事業單位欲大量解雇勞工時，應與工會或勞工代表依下列原則協商之：

1. 被解雇者之選定需以客觀之事實與合理的標準爲之，並不得違反就業服務法第五條（就業機會之平等），且不得因勞工年資較長、身心障礙、是否負擔主要家計，予以歧視。
2. 人事調整須有其必要性且爲最有效之安排，並以誠信原則爲之，不得權利濫用。
3. 爲保障勞工權益，應確保工會或勞工代表之協商權利，不得因勞工擔任工會或勞工代表職務，予以歧視。（選定留用或解雇之原則）

十五、重要相關解釋令

■雇主解雇工作未滿三個月之勞工仍應發給資遣費

關於勞工於廠礦工作未滿三個月，雇主終止勞動契約時應否預告，依現行勞動基準法第十六條（雇主終止勞動契約之預告期間），並無規定；至於是否發給資遣費乙節，同法（勞動基準法）第十七條（資遣費之計算）第一項第二款規定工作未滿一年者，以比例計給資遣費。惟勞工所服務廠場是否適用本法（勞動資准法），仍應依事實認定。（內政部七五．十二．二九（七五）台勞司發字第一二九三一號函）

■勞工服役前辦理留職停薪，其服役前之年資是否仍須併入服務年資疑義

按兵役法第四十五條（服役時之權利）規定，勞工在營服役期間享有保留底缺年資之權利，故勞工於接獲兵役徵集後，如已向雇主表示將入營之意思後，其權益即受兵役法之保障，爾後勞工役畢返回原事業單位工作之年資計算，則應依內政部前主管勞工事務時於七十五年八月八日台內勞字第四〇八二九七號函釋辦理。（行政院勞工委員會八一．七．二三台（八一）勞動一字第二四五八七號函）

■勞工服役期間，應否併計工作年資疑義

・勞動基準法（以下簡稱本法）所稱勞工工作年資係指勞工於事業單位從事工作所累計

年資。

・有關勞工在營期間應否併計工作年資乙節，依前項原則，勞工服兵役前後在同一事業單位之工作年資應予併計，惟勞工在營服務期間未於事業單位從事工作，該期間得不計入工作年資，事業單位如規定可併入計算工作年資者，從其規定。

・事業單位於本解釋函發布前或經指定適用本法前，其雇用之勞工已在役或已役畢者，在營服役期間仍視爲原機構服務年資，併入工作年資計算。（內政部七五・八・八（七五）台內勞字第四〇八二九七號函）

■勞工服役期間應否併計工作年資疑義案

查內政部於主管勞工事務時七五・八・八（七五）台內勞字第四〇八二九七號函第三點，係指於適用勞動基準法之事業單位所雇用之勞工，在該解釋函發布前已在役者，無論其是否役畢或役期跨越民國七十五年八月八日前後者，其在營服役之期間均應併入工作年資計算之。（行政院勞工委員會八一・六・十六台（八一）勞動一字第一七四三〇號函）

■試用期間解雇員工可否不付資遣費

・查勞動基準法施行細則本（八十六）年六月十二日修正前，原有「試用期間不得超過四十日」之規定，是時，對法定試用期內或屆期時因「試用不合格」爲雇主終止勞動

契約之勞工，應否發給資遣費，法無明文，而得由勞資雙方自由約定。

・至該法施行細則修正後，有關「試用期間」之規定已刪除，勞資雙方依工作特性，在不違背契約誠信原則下，自由約定合理之試用期，尚非法所不容。惟於該試用期內或屆期時，雇主欲終止勞動契約，仍應依勞動基準法第十一（雇主須預告使得終止勞動契約之情形）、十二（雇主無須預告即得終止勞動契約之情形）、十六（雇主終止勞動契約之預告期間）及十七條（資遣費之計算）相關規定辦理。（行政院勞工委員會八六・九・三台（八六）勞動二字第〇三五五八八號函）

3 裁員發生勞資爭議如何處理？

一九九八年十一月二十三日凌晨，全國最大的客運公司統聯客運高雄站近百名司機，因不滿資方給付薪資不合理與八名員工遭到開除，於是串連中、北部的該公司其他司機，進行集體罷駛的抗爭行動，因而造成當日由高雄往中北部等五條班車路線全部停擺，讓旅客怨聲載道。

罷工不合法　損人又損己

抗議司機指出，他們的薪資未依勞動基準法的最低薪資一萬五千八百六十元發放，現在公司給與的底薪只有一萬二千三百六十五元，而十一月二十二日高雄站又陸續有八名司機遭到公司開除，更引發他們的強烈不滿，由員工自救會代表發表十三項宣言後，集體罷駛。

行政院勞工委員會勞資關係處對此次統聯司機集體罷工一案指出，在主體性及程序上皆

不合法。由於罷駛主體爲「員工自救會」，不是工會，依法不得進行罷工，且自救會的抗爭皆屬「權利」事項，依照勞資爭議處理法及工會法，只有「調整」事項才能進行罷工，而且也必須經過調解，調解不成再召開會員大會，經全體會員過半數的同意後才可進行罷工，否則罷工屬非法罷工。

由於統聯客運司機此次罷工並不合法，公司將可因勞方未履行勞動契約的部分，向法院訴請民事損害賠償。（註一）

個別爭議　團體爭議

爭議權，分爲個別爭議權與團體爭議權：

・個別爭議權係指個別勞工就勞工法令、團體協約或勞動契約等權利之爭議而言。
・團體爭議權係指集體勞動者就勞動條件主張繼續維持或變更之爭議。

團體爭議權包括最後行使的罷工（strike）、怠工（sabotage）、糾察（picketing）、杯葛（boycott）、占領（occupy）、接管（take over）等爭議權，是工會遂行團體協商之後盾及尚方寶劍。但「寶劍出鞘」前，先要清楚「出師有理」，否則「白忙一場」，甚至於還落得「鋃鐺入獄。

協調　調解　仲裁　民事訴訟

我國勞資爭議處理的方式（途徑），實務上概分爲協調、調解、仲裁，民事訴訟等四種管道，在立法上現行專屬勞資爭議的制度，係指勞資爭議調解與勞資爭議仲裁二種程序而言。

勞資雙方發生爭議時，得向地方主管機關申訴或申請協調處理，並得依照「勞資爭議處理法」之相關規定申請調解或仲裁。

權利事項　調整事項

「勞資爭議處理法」將勞資爭議事項分爲兩類：

一、權利事項之爭議內容

權利事項之勞資爭議又稱法律上的爭議，係指勞資的當事人，基於法令、團體協約或勞動契約之規定而發生之權利義務之爭議。

權利事項之爭議，依調解程序或法院訴訟程序處理。勞工法庭或專人受理之勞資爭議事項，依「勞資爭議處理法」第五條第二項規定，限於權利事項之勞資爭議，亦即係權利究竟

是否存在及有無被侵害所引起者而言。例如雇主是否依約給付工資、資遣費或不具法定要件與程序任意解雇等屬之。

權利事項之勞資爭議，雖未經調解而逕行告訴者，法院仍應予於受理，並確實核定其訴訟標的之金額或價額，徵收裁判費。

權利事項之勞資爭議，經依「鄉鎮市調解條例」調解成立，並經法院核定者與民事確定判決有同一之效力，當事人得具以聲請強制執行。

二、調整事項之爭議內容

調整事項之勞資爭議，又稱事實上的爭議，係指對勞動條件主張繼續維持或變更所發生之爭議，亦即對於勞動條件如何調整或主張繼續實施者而言，例如勞工因物價上漲要求提高若干比例之工資或要求減少工時等屬之。

調整事項之爭議，則依調整程序及仲裁程序處理。因爲有關勞動條件之變更或維持，雖然有勞動條件之最低標準來規範，但超過勞動條件標準以上部分，則仍須勞資雙方議定。此類爭議必須參酌事業單位實際營運的經營體質與財務負擔的能力，純屬勞資雙方協商之事項，法律並無規定，故法院無從判斷是非。

調解或仲裁期間　雙方不能亂出招

應特別注意的是，依照勞資爭議處理法之規定，勞資爭議在調解或仲裁期間，資方不得因該勞資爭議事件而歇業、停工、終止勞動契約或為其他不利勞工之行為；相對的，勞工亦不得因該勞資爭議事件而罷工、怠工或為其他影響工作秩序之行為，否則依勞資爭議處理法應受罰鍰之處分。

落魄的失業者　步步驚魂誤觸法

台灣近幾年來，關廠、歇業導致大批勞工失業的情況日趨嚴重，失業勞工或赴國會請願、臥軌抗議或夜宿台北火車站，甚至利用大學聯考當天堵住台北市主要交通的要道，企圖引起政府、社會大眾對勞工失業造成的困境給予正視與解決，但是參與此種抗爭的團體，因不熟悉或有意「違法」，造成「要債」不成，反而讓「屋漏偏逢連夜雨」的失業勞工，以違反「妨害公共安全罪」被起訴甚至被判刑入獄。

將心比心　心心相印

勞資關係和諧的建立，誠如中國鋼鐵公司董事長王鍾渝在〈將心比心〉文章上所說：

「就經營企業來說，企業主如能「將心比心」，體認到自己投入的是資金，而員工投入的是青春、智慧與生命；自己的資金可能幾年內就可回收，但員工的青春卻是一去不復返。所以老闆應當為員工設想，除了給他們好的待遇和福利之外，還要協助他們與企業一起成長發展；而員工也要能「將心比心」體諒老闆，勤奮工作，貢獻所能。在勞資雙方都有「換心設想」的心態下，良性互動的結果，企業提供員工成長的環境，員工則報之以忠誠與努力不懈的工作績效。如此一來，勞資和諧，結成生命共同體，則企業經營順遂，員工也因此而獲益，達成勞資兩贏的目標。」（註二）

願勞資雙方共勉之。

註釋

註一：《工商時報》，一九九八年十一月二十四日。

註二：王鍾渝，《台灣小調》。

裁員風暴下在職者的心聲誰聽得到？

根據一項研究發現，四分之三曾經裁員過的公司，到最後都營運狀況不佳。同樣地，另一項研究也發現，裁員所預計要達成的目標通常無法達成：

- 百分之九十的公司期望減低成本，但只有百分之六十一的公司做到。
- 百分之八十五的公司尋求更高的利潤，百分之四十六的公司做到。
- 百分之五十八的公司希望改進公司的生產力，百分之三十四的公司做到。
- 百分之六十一的公司希望改進公司的服務品質，百分之三十一公司做到。
- 在大公司的獲利情形方面，發現在裁員後下降得比以前更快。
- 受訪的公司中，超過一半在裁員的一年又再招募員工填補該職缺。

兔死狐悲　心有餘悸

從上述的研究報告中可看出，裁員風暴下，「心有餘悸」的在職員工，面對隔桌、隔鄰的舊有同事，一夕之間「流離失所」之慘狀，油然生起「兔死狐悲」之嘆！工作上面對他（她）們留下來的工作負荷，要「無償」的「概括承受」，在心理上未能適應前，會有不如歸去之感嘆！

裁員風暴前後　組織氣候詭譎

企業裁員風暴前後，組織氣候是詭譎無常的。在裁員名單未「揭曉」前，人人自危，人心浮動；裁員名單稍有耳聞時，勸退聲、離職聲、送別聲、聲聲入耳，唯獨沒有聽到挽留聲，「心涼」已半截，一旦裁員風暴後，「倖存」的在職者，留下了揮不去的陰影度「慘年」，因為：

工作責任加重

如果被資遣員工是屬於「冗員」、「呆人」型，這些人在職時所靠每日「零星」維生的工作，就必須由在職者來承接；如果「碾」錯人，則份量頗重的工作又要加在自己的原有工

作量上，一旦工作超負荷，只有「應付」，效率自然低落。

工作安全感頓失

根據美國管理協會的研究報告指出，曾經縮減規模過的公司，在未來更有可能再縮減一次規模。當對組織的前景不確定感充滿疑惑，懷疑自己是不是下一波裁員的對象時，認爲一樣賣命在工作，那一天自己也會像某人一樣的下場，被點名逐出「廠外」。員工工作不確定，就無心工作。裁員時「人」的方面沒有處理得當，那爾後一切組織再造的措施再努力，終將如石沈大海，更甚者也許會「終結」企業。

對管理者產生猜忌

用人時，好話說盡；不要人時，嫌東嫌西，找「弱點」忽視「優點」。企業經營陷入泥沼時，管理者好像都沒錯，反而所有的過錯都統歸屬下，要部屬「負荊請罪」，全權負「失敗」責任，它應驗俗話說的：「有功不賞，打破要賠。」下一次再裁員時，主管的「猙獰」面目，將會重現在「留職者」的眼前，對主管心存「懷疑」，則對工作就「無望」，員工「無望」，企業就「絕望」。

忠誠度降低

企業在經營順境時，要員工「肝膽相照」，企業在經營逆境時，先要員工「共體時艱」，企業在經營虧損時，要員工識大體，一句「裁員是不得已的事」，就要員工「自生自滅」。企業主單方面要求員工對企業忠誠，但員工看到企業裁員時的「無情動作」，企業的危機處理方式，卻是先對員工「落井下石」，使得在職員工原來對企業的忠誠度，瞬間「腦筋急轉彎」，轉向對自己「專業」的忠誠，人還在企業內工作，但心早已在儲備職涯「第二春」的技能而努力，不忠誠的老闆，那有忠誠的部屬。

憂鬱與恐懼

裁員後企業的重整，組織圖五日一小變，半個月一大變，員工職務東調西移，工作就像水中的浮萍，風吹草動就亂了一顆平靜的心，面對家中生活費用的來源靠這一份薪餉，小孩們「嗷嗷待哺」，房貸利息月月催付，一旦企業「重整」未如預期之成效，第二波、第三波的裁員接踵而來，如何是好？在憂鬱、恐懼下生活的員工，如何能靜心處理事務？

謠言滿天飛

根據研究謠言而名噪一時的專家歐波特（Gordon W. Allport）與波斯特曼（Leo Postman）之見解，謠言可用方程式予於衡量：

謠言＝人們之好奇心×情況的不明朗

員工無心工作，就會到處打聽「小道消息」，造謠生事有之，「惡夢」再來一次裁員行動也有之，搞得在職者人心惶惶，捕風捉影，鬧得滿廠員工疑神疑鬼，明天來廠上班，是否主管會給一張支票後，告訴員工在警衛室有一部已付費計程車將送你回家。你嚇我，我嚇你，結果企業眞得被大家嚇垮了！

中、高階主管人人自危

員工好不容易多年的努力，被長官賞識、提拔，爬到管理階層，如今把「棘手難纏」的裁員任務完成後，馬上面臨員額縮編後，組織扁平化的問題，新的主管是誰？如果分配到以前曾因工作上爭執而發生不愉快的主管底下做事，如何相處？重新適應？拂袖而去？如果給自己以前的部屬管理呢？心理能調適得過來嗎？尷尬不自在？職場上的工作危機四伏，如何是好？兔死狗烹，鳥盡弓藏，難道應證了宗教上所說的「輪迴」二字的眞締與現世報嗎？

高齡、高薪、高年資危險群

俗話說：「長江後浪推前浪」，第一波裁員屬於以前有「功」，現在無「過」的「高齡」、「高薪」、「高年資」的一群資深員工，在「晚輩」曉以大義下，在「半勸」、「半逼」、「半威脅」領了錢走人後，原先的「中高齡」、「次高薪」、「中高年資」的員工紛紛補位，成爲下一波再裁員的「考慮名單」，這些順勢被升格爲企業「元老級」的新貴，如何能安心工作，運籌帷幄呢？古有名訓：「前車覆，後車鑑。」以這些人在職場上的「歷

練」，難道不知道「殺雞儆猴」的道理嗎？

對支援工作興趣缺缺

員工支援其他單位的工作，就是說明自己「本業」工作量不足，工作重要性不高，在企業裡是屬於「吉普賽人」，企業再要裁員時，原主管不認帳，支援單位主管不買帳，自己成爲下一波多餘人力，成爲理所當然的「被裁份子」。爲了自保，拒絕接受調動，則被主管列爲「不識大體的人」。既然離開「異域」是早晚的事，能「拗」就「拗」，工作成爲點綴，企業要反敗爲勝，談何容易？

有專長的人不請自走

劣幣驅逐良幣，使得工作年資不長，但訓練有素，經驗與技術純熟，人品高尚的在職有爲、有抱負的年輕員工，認爲就是再「拗」下去，等下一波在裁員領到的資遣費也沒有多少錢，不如趁「青春年華」，其「專長」、「年齡」在就業市場上尚屬於「當紅炸子雞」，找「好頭路」一點也不難的年頭，帶槍（技術）投靠「敵營」效勞。這時，企業對有才幹的員工留不住，而無才幹的員工卻在企業內「興風作浪」，企業主以爲裁員後，留職者會珍惜現在所「恩賜」的這一份「得來不易」的工作而加倍努力，但事與願違，萬萬沒想到組織氣候丕變，「優走劣留」，讓老闆振興企業美夢，遙遙期待，不知何時才能實現。

分身（兼職）

既然企業經營危機四伏，人無遠慮，必有近憂，不如「騎驢找馬」以固本。上班後在網路上找「頭路」，反正求職不花錢，擇優而試，如現在工作量與報酬不對稱，則答應「應聘方」擇日前去報到上班；如現在單位的分配工作尚輕鬆、無多大壓力，待遇還可接受，則請對方列入「人才庫」，隨時聯絡。誰怕誰？企業主無情，員工無義，就這樣員工上班當「遊魂」，工作時心不在焉？企業要「中興」，靠了這一批人，有如緣木求魚。

人才招不進來

企業裁員後，「聲名遠播」，優秀人才卻步，就是消息不靈通的應徵者，報到上班後，察言觀色，看到「在職者」心神不定，親耳「偷聽」到員工「竊竊私語」之驚恐狀，少者一個月，多者三個月，比在職者「跑」得更快。一、二年後，企業內部人才「斷層」浮現，追根究柢，裁員的後遺症發作使然。

內神通外鬼

在一九九八年六月及十月間，曾經先後裁員過二次，廠址座落在新竹科學園區的某大電腦公司，在一九九九年五月二十四日向園區保警中隊報案，陳述公司自一九九九年三月起，每次盤點時，便發現掃描器有短少現象，陸續失竊的掃描器台數達七百六十六台，若以平均每台掃描器市價爲三、四千元估算，總損失約三百萬元價值。經警方偵辦後，赫然發現該廠一名倉儲助理員戴××涉嫌「內神通外鬼」，與一名被該廠資遣的離職員工賴××合作，陸續竊走該公司內部的掃描器，並且拿到台北舉辦的電腦展會場，以超低價出售，經警方尋線追贓終於破案。

溝通方案　消除疑慮

當美國費城的科斯泰財務公司宣布要裁掉二百九十名員工時，一位員工就曾向華爾街記者透露：「在過去的一個月，每個人花在聊天的時間至少在百分之五十以上，因爲每天從早到晚，大家都在互相安慰。」誠如美國鹽湖城人力資源管理和生產力顧問公司執行董事約翰．潘若斯（John Panos）對企業購併、裁員所說的一句忠肯的話：「最重要的是做給員工看的，因此裁員行動要有完整的溝通方案，讓不走的人留得安心。」值得讓企業主深思。

註　釋

註一：《自由時報》，一九九九年六月十三日。

勞資關係沈思錄

以「終身雇用制」著稱的大和民族——日本國企業，他們享有全球罕見的工作待遇，不必擔心被老闆炒魷魚，幹得越久，領得越多。但是在一場金融風暴暨泡沫經濟的橫掃後，開始以「重建公司」爲名，大量解雇公司員工，已經形成日本社會問題。

企業戰士　自裁而亡

一九九九年三月二十三日上午，日本警方的一一〇通報專線響了，接聽到日本最大輪胎製造公司普利司通（Bridgestone）的報案電話，指出有退職職員持刀闖入社長辦公室，想挾持社長等人；警方獲報後立刻趕赴現場，迅即將辦公室包圍，並企圖說服該持刀男子放下武器。這名持刀男子是先前被其子公司解雇的課長野中將玄。當警方正對著這位離職員工喊話，不要犯下大錯之際，野中課長拿起身邊帶來的武士刀，忽然猛砍自己腹部，經送醫後，不治死亡。

野中將玄，五十八歲，一九五九年進入該公司服務，一九九二年以採購課長身分被調職到子公司擔任採購。據說他事前曾來母公司抗議遭到子公司解雇，當時身上還帶著一份抗議書，指他被派往子公司時，他的上司告訴他子公司的工作環境與母公司一樣，沒想到他會被子公司解雇，因此三月二十三日再前來母公司找社長理論。

這件遭解雇切腹自殺的企業「武士道」精神，消息傳出去後，很多人都對該公司擅自解雇人員相當不滿，有人評論說：「又一名企業戰士在不景氣下喪生。」(註一)

主管沈思篇

在企業經營變幻莫測的環境下，管理組織內成員的各主管，對內外在環境隨時「撲來的未知」要去克服，這也就是考核單上對主管的「應變能力」、「判斷能力」、「問題解決能力」三項分數或等級評定高低的指標，就可想像新世紀的主管工作上的壓力，說有多大就有多大。因此下列一些管理的實務觀念，可供參考。主管觀念正確，採取的行動就不會「動則得咎」。

・裁員時，要考慮裁員後「企業損失了多少人才」而不是「裁了多少人頭」。

- 員額與人事費用是易放難收，處理此二項與「人」息息相關的問題，不得不慎重。
- 企業改造運動是一種非常性的破壞，若不對人性因素加以考量，一定會引來員工很大的反彈，徒然增加執行的困擾。
- 操作機器很單純，「ON」是動（開機），「OFF」是停（關機），但管人就不是那麼簡單，因爲機器是「死」的，人是「活」的。
- 企業追求組織精簡，旨在提升人的價值，在這過程中，如何留住人才，激發人的潛能，這是主管在企業改造過程中，要思索的方向重點。
- 企業是一群有共同理念、願意與共同創造個人與團體願景所組成，且以營利所得來維持、擴張、實現自己與團體的目標，雇用人要緊抓這個方向，才不會找錯人。
- 和諧必須建立在「同理心」之上。
- 給員工多一份照顧，員工會在工作上多一份回饋。
- 主管的責任是把員工的長處與需要改進的工作弱點加以指出與告知，使員工有機會成長，同時也要強調出員工必須將指派工作做好的義務，在一層一層的工作目標設定中，鼓勵員工積極參與。
- 制度是爲「人」而設立的，是團體中的一種規範準則，但絕對不是對人的能力加以綁

手綁腳的，靈活運用制度，用制度，不要被制度所用。

・基於人是公司最寶貴的資源而非包袱，如何促進人力配置合理化，充分運用現有人力，使其適才適所，發揮人的潛能才是重要的課題。

・積極推動人力精簡政策，離退人員不補，三、五年後企業就會產生人才「青黃不接」，值得主管深入思考與重視。

・二十一世紀新一代的主管，不是一位只懂經營、財物或行銷的人，他還必須要具備人力資源管理的專才，才能在企業隨時調整經營策略時，做個會「迎新送舊」，「八面玲瓏」的人物。

・管理說穿了，就是「懂人性」，人性是相對的，只有身先部屬的主管，才有爭先向前的部屬。

・處理公務，應該堅守的原則與公義，不能輕言放棄，爲草當作蘭，爲木當作松，蘭幽香風遠，松寒不改容來自我鞭策與勉勵。

・裁員時，最容易發生勞資糾紛，務必遵守勞動基準法資遣之法令，以免困擾。

裁員記恨　持刀洩恨

二〇〇〇年三月七日上午，有一位榮民工程公司在五年前被勸退的員工隋××，因不滿當年在職期間認爲升遷不公，離職後仍然懷恨在心，屢次向榮民工程公司陳情無效下，於是日持菜刀到松江路該公司十樓挾持人事室主任陳××當「人質」。在報案後，經警方「曉之大意」，終於放下菜刀，也放了人質，然後就地被擒，經檢查官起訴後，也被法院判了刑。

這一幕發生在台北市的場景，沒有像上述「東瀛」版那麼「血腥」、「恐怖」的下場，但也點出上班族面對被裁的「無可奈何」與「忿忿不平」。上班族如何在職場上消災與解厄，下列幾點「教戰守策」，可保不被裁員，或被裁員後的「鬱卒」心情也不會「長存心頭」。

夥計沈思錄

・不論主管多麼賞識你，都不可忘記「君臣」之間相處應有的分寸。做部屬的你，要默默地吸收主管「獨門絕活」，及不肯輕易傳授的「日月精華」技巧，保持良好互動，對自我學習成長，絕對百利無一害。

・企業改造工程的目的是要提升企業競爭力，爲企業帶來優勢，員工不配合，讓企業喪

失「改造」的關鍵時刻，勞資雙方只好同歸與盡，當這一時刻到來時就後悔莫及。

- 員工的薪資、福利是顧客付的，無論如何員工都要取悅他們。
- 上班、準時出勤，算不了有功。公司付給員工薪資，是因爲我能創造價值。
- 我是企業的一份子，榮辱與共。
- 沒有人能預知明天，所以不斷學習是上班者工作的一部分。
- 定期做身體健康檢查，留得青山（健康身體）在，被裁員後，才有「力氣」爲「新頭家」再拚命的本錢。
- 最重要的事要把自己的能力充實好，要變成公司害怕失去你，而不是你害怕失業。
- 擁有語言能力、資訊運用能力和專業知識於一身，將會像強風下的勁草，生意盎然地迎向失業後的麗日，工作讓你挑選，良禽擇木而棲。
- 在企業做多久已經不重要，現在的人事階梯，不再只有往上爬升，表現欠佳，隨時請「下樓」。做什麼工作，就要發揮什麼能力，也就要提高多少業績。在職場上工作的人，記得e世代的職場倫理是沒有「敬老尊賢」，只有「弱肉強食」、「優勝劣敗」。
- 三十歲前至少具備一項專長，三十歲後就要擁有第二專長，四十歲後學得第三專長，五十歲後累積到五項專長，在職場上可永保一棵發財的「搖錢樹」。

．失業時，不要向明天借壓力來煩惱，身處逆境，只能堅強樂觀以對，最怕自己自暴自棄，未戰先敗，成爲職場上不負責的逃兵。

莊子肺腑之言　勞資終身受用

在十倍數時代，競爭太快，昨日賴以維生的優勢，可能一夜就消失，企業消失了賺錢的「乳牛」，相對的養這一隻「乳牛」的技術，也就毫無用武之地。在《莊子》〈廣解篇〉有一段文字：「朱萍曼學屠龍之術，耗千金之家產，三年技成，而無所用其巧。」用白話文來詮釋：「從前有一位朱萍曼先生，爲了學習殺龍的技術，耗盡千金的家產，他苦學了三年，終於學會殺龍的本領，可惜世界上竟已經沒有一條龍讓他一展所長呀！」可引伸爲企業原先擁有之「產品」，員工擁有此產品的「技能」，但因市場忽然消失了，顧客跑光了，產品也停產了，因此員工只爲此「產品」學到的技能也就只好「束諸高閣」了。莊子這段話可讓勞資雙方好好的沈思，誰也怨不了誰，只有領悟這句話越透澈，誰也就不怕誰。「江山」是給有遠見又能早一步出發搶先機的人，不論你是「老闆」或「夥計」。

註釋

註一：《聯合報》，一九九九年三月二十四日。

第七篇

失業族群自救

1 總經理失業寫真集

日本在第二次世界大戰後，一直維持經濟榮景，從最早的一九五五年到一九五七年的「神武景氣」、一九五九年的「岩戶景氣」，到一九八五年日本成功創造首度日圓幣值升值，享受到高日圓幣值的恩惠，但進入一九九〇年後，日本經濟卻停滯了，出現了有史以來難以令人置信的「空白十年」，讓曾經縱橫全球經濟體系，無往不利的桃太郎「日本國」，在金融危機與泡沫經濟後，舉步維艱，特別是日本大企業過去都採用「終身雇用制」、「年功序列型貸金制」，一度還被世人稱爲塑造「日本第一」的幕後英雄，現在則成爲日本企業經營的最大包袱。（註一）

喔！總經理也會被裁掉

全日本最大晶片製造商NEC，因在一九九八～一九九九年鉅額虧損壓力而逐次分批宣

布要裁員一萬五千人。第一批被裁員名單中，赫然發現總經理 Hisashi Kaneko 名列其中。喔！原來總經理也會被裁掉，也會失業，失業並不是勞工階層獨享的「專有名詞」，只是NEC董事長已經「先禮後兵」，事先通知 Hisashi Kaneko，讓他早做職涯「第二春」的準備。

NEC總經理的被裁，比起多年前，國內三陽工業公司總經理職位「換人做做看」要斯文多了。

痛定思痛　莊敬自強

《歷練—張國安自傳》這本書的作者張國安先生，是股票上市公司三陽工業的創辦人之一，也曾是三陽公司的總經理，持股有百分之十九點五，從草創時期的四名員工，到他事後還覺得莫名其妙被宣布「卸下」總經理時，組織規模已有二千五百人之多。

總經理被「裁掉」了！這一幕被裁員的「寫眞集」，在張國安先生所著的《歷》書上娓娓道來：

（一九八六年）三月二十四日當天上午九時開股東大會時，除了報告上次的業績（一九八五年度營業額達到一百一十多億元，稅前淨利近九億元）及分紅外，並

選舉董監事。在選舉中，雖然有波折，但還是照預定的計畫產生了董監事。

接著舉行新任董監事會議，選舉常務董事及董事長，我提議的人都很順利地當選。依照往例，接下來由董事長再宣布聘請總經理。那時候他（他係指黃世惠董事長，創辦人之一黃繼俊之子）突然說要宣布重大的事情，會場一下子安靜下來。於是他開口說：「從現在起，副總經理賴高峰先生改聘為高級顧問，總經理張國安先生改聘為最高顧問，新任總經理提名王振賢，副總經理提名劉義雄。最高顧問與高級顧問不用上班，待遇照舊。」

這項突如其來的宣布令全場譁然。我完全不知道這件事，事先毫無心理準備，公司裏這樣重大的事情怎麼沒有事先與我協調，就這樣子宣布？他宣布以後，也沒有提出討論，就散會了。

當時，內人坐在我旁邊，覺得莫名其妙，一直問我怎麼一回事，我說我也不知道，在混亂的散會中，我想過去問黃世惠這是怎麼一回事，但是他匆忙地離開會場了。本田（日方投資股東）的代表與其他的小股東十分詫異，也不斷問我發生什麼問題。我只能說，我也不知道。

這件事令我措手不及，回家後真是心灰意冷。我內人十分傷心氣憤，哭了好幾天。

然而在痛苦中我又想：唉！算了！不要和他爭了！既然情勢如此，假使為了這件事情和黃世惠爭執，一定會使整個三陽企業產生混亂，打擊所有從業員的士氣，公司的營運也會發生問題。企業創辦人看待自己的企業就像是自己的孩子，最大的願望是看著它茁壯長大，繼續發展至百年、千年。我雖被迫以這種方式離開三陽，心理上無法平衡，但是我還是認為三陽能繼續發揚光大，是我最大的心願，所以我忍受了下來，不再與黃世惠爭執。（註二）

君子交惡　不出穢言

君子交惡，不出穢言，從這一段張國安先生自己「失業」描述中，可以看出一個人的人品與美德。俗話說：「板蕩識忠臣」，奈何一些經營者「有眼無珠」，人才就這樣流失。

爭千秋　不爭一時

「失業，但不失志」的張國安先生，離開三陽公司後，創立「豐群集團」，開啓了台灣

流通業量販店賣場的先驅「萬客隆」，以及奠定在水產、漁業界的龍頭地位，迄今屹立不搖。二十多年後，「豐群集團」業務如日中天，而「慶豐集團」正面臨組織轉型中，一時的「勝利」不能永保「成功」，同樣的道理，一時的「失業」並不代表永遠的「失敗」，只要記得「人性」的險詐與仁慈，在職場上重新出發時，以此爲鑑，趨吉避凶，讓原來逼你「走路」的人，以他日的成就讓他「刮目相看」，相信有「陽光」的日子總比「下雨」的日子要長、要久。有方法、有步驟，愛拚才會贏，《歷練》這本書提供了經營者與就業者的一面鏡子，如何借這一面鏡子來「整裝儀容」，就看每個人面臨人生事業轉捩點時的領悟力、危機感的處理態度，以及對人性的了解深度與廣度而決定，這是一種智慧與考驗，時間會證明「對」與「錯」的抉擇。

再把總經理失業的場景，倒帶至台灣日治時代，在南台灣發生的案例。

古人說：「未經一番寒澈骨，那得梅花撲鼻香。」人生做人處事的歷練，有時候從自己的受苦受難中體驗，有時候從小時候生活環境中去捕捉與感受得來。

父親是總經理　但他卻失業了

在《觀念—許文龍和他的奇美王國》一書中，記述著六歲的許文龍，看到父親失業時的情況，以及他父親失業後不能再振作起來，再走出去尋找新工作心理上被打擊的「懼怕症」。

一九三三年（民國二十二年，日治時代），許文龍六歲。

歲末尾牙，像往年一樣，許文龍和其他八位兄弟姐妹殷殷企盼著父親回來，公布老闆今年發多少賞金。

許文龍記得，領到賞金的父親，心情特別好，會帶著微醺的醉意，從街上買些糖果回來，讓他們這群小蘿蔔頭一起慶祝。

那一夜的等待似乎特別漫長，充耳盡是隔鄰居家，與高采烈討論「賞金」怎麼花用的歡呼聲，伴雜著男主人驕傲而大聲地指揮女主人，要買些什麼東西，要給小孩添購新衣服過新年。

這樣熱呼呼的氣氛是許文龍一家人正期待的，然而，隨著夜色逐漸深沉，帶給許家一股莫名的龐大壓力。

在大家焦灼的期盼中，許文龍的父親回家了，拖著乏力的腳步，一臉鐵青地走進家門，一言不發的，就呆坐在角落邊上，始終沒有開口，好像他突然失去了說話

的能力。

小孩子嘰嘰喳喳的吵雜聲，顯得家中的空氣更加凝重，雖然在母親的示意下，許文龍的兄姐把幾位年幼的弟妹招呼得好，但是父親異樣的表情卻令他印象深刻。

許文龍往後的歲月裡，一直想不起那天晚上的下半夜是怎麼過的，彷彿放映機突然間脫帶，電影中斷了，螢幕上只有光，卻無影像，機器仍軋軋作響⋯⋯。

隔天，許文龍看到父親躺在床上，不像往常一大早就出門，迷迷糊糊中，他聽到母親跟哥哥姊姊們說話，才知道，父親失業了。

原來昨天晚上父親公司吃尾牙，老闆發賞金，刻意跳過父親，那等於是宣判父親從第二天起不用上班。

一夜之間，父親由這家小公司的總經理變成沒有「頭路」的人，資方的指令是如此權威，勞方毫無保障及尊嚴。

這個沈重的打擊，擊誇了許文龍父親的自尊，也戮傷了全家大大小小的心，而這樣的烙印，卻引發了許文龍對工作保障權、勞工福利最早的意識。

只是，失業的挫敗，可以從報紙版面上找到工作重新出發，人格自尊的受創，卻讓飽讀詩書的父親患了「畏懼症」，害怕再踏出去，會又一次受辱，因此，整整

十年的時間，許文龍的父親不喜歡出門，幾乎是將自己封閉於家中。（註三）

服輸　找人代打

許文龍的父親與張國安先生都在「總經理」職位上無預警情境下「失業」，但張國安先生馬上很快的把「苦悶」調適過來，另創出輝煌的事業「第二春」，而許文龍的父親靠爭氣的兒子在若干年後爲他爭一口氣，讓奇美實業公司生產的ABS（Acrylonitrie Butadiene Styrene工程塑膠原料的一種，係生產電腦和家電外殼的重要原料）原料，成爲世界第一大供應商，在國際石化業界享有盛名，目前又投資進軍跨進高科技領域，在台南科學園區內創立「奇美電子公司」。

不服輸　披掛上陣

早年國內電視台曾播放一支推銷嬰兒奶粉的廣告，喝了這種奶粉的小孩，說了一句很動聽的台詞：「我要比爸爸強！」讓人印象深刻。如果失業者不想「東山再起」，就鼓勵子女爭回一口氣；失業者想再親自「披掛上陣」，就學張國安先生，只要「不服輸」，墾荒成良田。

可以失業　不可失志

老闆、員工在商場、職場的舞台上，各自扮演不同的角色，隨時會有「不測風雨」來襲，面對逆境時，記得許文龍先生的母親常說的一句話：「可以失業，不可失志。」

註釋

註一：〈日本經濟窘況畢露〉，《聯合報》，二〇〇一年三月十七日，十版。

註二：張國安，《歷練──張國安自傳》，天下文化出版公司，一九九四年一月十五日。

註三：黃越宏，《觀念──許文龍和他的奇美王國》，商業周刊出版公司，一九九八年十二月十五日。

2 老闆賴皮　積欠工資向誰拿？

替老闆做工，卻拿不到工錢，俗話說：「憨人，白做工。」在經濟不景氣的「年冬」，白做工的人越來越多。

恩基公司已關廠　積欠工資向誰拿

二〇〇一年一月十日，《聯合報》上刊登一則醒目的標題：「恩基關廠，百餘員工赴勞委會陳情」，副標題：「高科技首件，資方被控積欠侵占薪資、勞健保費，勞方要求徹查公司是否大量外流資金」，內文則報導成立四年多，以生產光碟片爲主的恩基科技公司，因光碟市場削價競爭，加上公司擴充太快，導致資金週轉不靈而關廠，該廠一百多名員工在一月九日上午到行政院勞工委員會陳情，指控資方在二〇〇〇年十一月就停發薪資，共積欠員工十一、十二月的薪資、預告工資、資遣費與員工福利金共六千餘萬元，因孫姓負責人避不見

面，員工求助無門，再加上年關將近，員工生活壓力更沈重，且員工二〇〇〇年六月到十二月的勞、健保已被公司扣繳，公司卻沒有繳給勞、健保局，導致員工無法換發新年度健保卡。關廠勞工在走投無路下，只好到勞委會陳情，主持公道，用公權力攔截「雇主」，不要讓他「捲款」討跑，逍遙海外當「寓公」。

積欠工資墊償基金　企業聯合互助產物

政府為保障勞工因其服務之企業歇業、清算或宣告破產而被積欠之工資，特在「勞動基準法」第二十八條訂定積欠工資墊償基金制度，藉著發揮企業聯合互助功能，運用企業之社會連帶責任，集中基金作為墊償，規定由雇主應按其當月僱用勞工投保薪資總額及規定的費率，繳納一定數額之積欠工資墊償基金。當雇主因歇業、清算或宣告破產所積欠之工資未滿六個月部分，經勞工請求而未獲清償時，勞工得向臺閩地區勞工保險局（以下簡稱勞保局）申請積欠工資墊償基金，請求墊償。但我國積欠之工資受清償之法律順位仍低於土地增值稅、關稅及抵押權。

積欠工資墊償基金　政府法律規範舉偶

有關積欠工資墊償基金的法律規範有：

一、勞動基準法

・雇主因歇業、清算或宣告破產，本於勞動契約所積欠之工資未滿六個月部分，有最優先受清償之權。（第一項）

・雇主應按其當月僱用勞工投保薪資總額及規定的費率，繳納一定數額之積欠工資墊償基金，作爲墊償前項積欠工資之用。積欠工資墊償基金，累積至規定金額後，應降低費率或暫停收繳。（第二項）

・前項費率，由中央主管機關於萬分之十範圍內擬定，報請行政院核定之。（第三項）

・雇主積欠之工資，經勞工請求未獲清償者，由積欠工資墊償基金墊償之；雇主應於規定期間內，將墊款償還積欠工資墊償基金。（第四項）

・積欠工資墊償基金，由中央主管機關設管理委員會管理之。基金之收繳有關業務，得由中央主管機關，委託勞工保險機構辦理之。第二項之規定金額、基金墊償程序、收繳與管理辦法及管理委員會組織規程，由中央主管機關定之。（第二十八條第五項）

・違反勞動基準法第二十八條第二項，處二千元以上二萬元以下罰鍰。（第七十九條）

二、積欠工資墊償基金提繳及墊償管理辦法

・本基金由雇主依勞工保險投保薪資總額萬分之二點五按月提繳。（第三條）

・勞保局每月計算各雇主應提繳本基金之數額繕具提繳單，於次月底前寄送雇主，於繳納同月份勞工保險費時，一併繳納。

前項提繳單，雇主於次月底前未收到時，應按上月份提繳數額暫繳，並於次月份提繳時，一併沖轉結算。（第四條）

・雇主對於提繳單所載金額如有異議，應先照額繳納後，再向勞保局申述理由，經勞保局查明確有錯誤者，於計算次月份提繳金額時沖轉結算。（第五條）

・雇主提繳本基金，得依法列支爲當年度費用。（第六條）

・本基金墊償範圍以申請墊償勞工之雇主已提繳本基金爲限。（第七條）

・勞保局依本法（勞動基準法）第二十八條規定墊償勞工工資後，得以自己名義，代位行使最優先受清償權（以下簡稱工資債權），依法向雇主或清算人或破產管理人請求於限期內償還墊款；逾期償還者，自逾期之日起，依基金所存銀行當期一年定期存款利率計收利息。

雇主欠繳基金者，除追繳並依本法（勞動基準法）第七十九條（罰則）規定處罰外，並自墊付日起計收利息。（第十四條）

積欠工資墊償基金　申請手續步驟

積欠工資墊償基金申請手續如下：

一、積欠工資墊償基金提繳標準及提繳方式

・勞保局每月依各雇主所僱勞工之勞工保險投保薪資總額的萬分之二點五，計算其應提繳本基金之數額繕具提繳單，於次月底前寄送雇主，雇主於繳納同月份勞工保險費時，一併繳納。

・雇主若於次月底前尚未收到前項提繳單時，應按上月份提繳數額暫繳，並洽詢勞工保險局。

二、勞工申請積欠工資墊償基金之要件

・事業單位因發生歇業、清算或宣告破產有積欠工資之事實，經勞工請求而未獲清償者。

・雇主於開始積欠工資之前一日已繳足應繳墊償基金者。

三、申請積欠工資墊償基金時應檢附之文件及證明

・積欠工資墊償申請書。

・雇主無法清償積欠工資之工資債權證明書。

・勞工因雇主清算或宣告破產時，應檢附相關清算人或破產人申報債權，或向雇主請求未獲清償之有關證明文件。

・請求墊償工資金額及勞工名冊。

・勞工保險局墊償積欠工資收據。

・勞工因雇主歇業時，應檢附當地主管機關就下列事項查證之證明文件：

1. 已註銷或撤銷工廠、商業或營業事業登記，或確已停產、營業、倒閉或解散。

2. 歇業者並非事業單位之分支機構。

勞保局通訊處　備而不用

積欠工資墊償基金的申請，政府指定的對口單位是臺閩地區勞工保險局，在勞工所服務的廠家關廠、歇業時，先前老闆已依法繳納參加積欠工資墊償基金的「互助會」，則最近六個月內拿不到工資，可逕向勞保局申領印妥的空白表單填寫。勞保局的通訊地址、電話、傳眞號碼如下，最好備而不用。

地址：台北市一〇〇羅斯福路一段四號

電話：（〇二）二三九六—一二六六

傳眞：（〇二）二三二一—五〇五七

3 失業勞工，政府幫助你

台灣自光復以來，在經濟上歷經了幾次的產業結構改變，都創造出不少機會可以吸納就業人口。例如五〇年代時，自農業社會轉型爲工業社會，當時的加工業吸納了許多農業釋出的多餘人口；七〇年代中小企業外移嚴重，但許多低技術人員大量流入服務業、高科技產業與房地產，這些新興行業也吸納不少就業人口，相對了也增加許多就業機會；八〇年代後半期，手機、零售服務業成長快速，又一波擴大就業市場。

新世紀的職場　失業不請自來

但是九〇年代來臨，服務業發展趨於成熟，高科技產業也難於再維持過去高速發展，房地產也急速萎縮，而新興產業電訊資訊業、生物科技剛起步，無法吸納大量之就業人口，反而是兩岸加入國際貿易組織（WTO）後，將會使農村人口大量失業與外移，並轉行到就業市場搶食有限的「飯碗」，而金融機構的購併，又是大勢所趨，海外投資，尤其到大陸設廠做二級加工，讓國內傳統製造業的勞工工作「保衛戰」造成了一大隱憂，特別是公元二〇〇五年將進入全球無配額貿易時代，台灣製衣業僅存的配額優勢將會喪失，因而未來的歲月，對上班族而言，失業將會「不請自來」。

頭家失業不用煩　政府協助度難關

勞工在失業找頭路的「黑暗期」，有一盞「明燈」可暫時讓你度過個人經濟與轉職訓練的困境，那就是政府機關提出的失業救助方案，權利是給知道的人，在「人情淡且薄」的今天，下列這些方案值得失業者去申請與應用。但是這些「救急不救窮」的措施，將會隨著政府預算的是否再編列與金額的多寡，補助款會有所變動，因而失業者在失業尋職時，可先用電話聯絡居住所在地附近的就業服務站後，再前往申請。

一、**就業促進津貼**

■求職交通津貼

・適用對象

一般失業勞工。

・資格條件

1.年滿十五歲至六十五歲，前三年累計工作達三個月或參加勞、農保三個月以上。

2.向公立就業服務機構登記求職，經發給介紹卡前往應徵者。

・給付標準

每次五百元，情形特殊者最高不得超過一千二百五十元，每人每年度以四次爲限。

・檢附文件

1.求職交通津貼申請書（含切結書一份）。

2.身分證影本。

3.原雇主開具之離職證明影本（應載明離職原因、工作性質、離職前一個月待遇及服務年資）；無一定雇主者，由所投保職業工會或縣市總工會開具投保三個月以上之證明文件。

■臨時工作津貼

・適用對象

1.關廠歇業及依法被資遣的失業者。

2.參加職業工會的勞保被保險人或參加農保者。

・資格條件

1. 年滿十五歲至六十五歲。

2. 前三年累計工作達三個月或參加勞、農保三個月以上。

3. 向公立就業服務機構登記求職七日後，無法獲得推介就業或安排職訓者。

・給付標準

每日工資五百四十二元，最長以六個月爲限；每週得有二日求職假。

・檢附文件

1. 臨時工作申請書。

2. 身分證影本。

3. 原雇主開具之離職證明影本（應載明離職原因、工作性質、離職前一個月待遇及服務年資）；無一定雇主者，由所投保職業工會或縣市總工會開具投保三個月以上之證明文件。

4. 退保證明。

■訓練生活津貼

・適用對象

1.有一定雇主且非自願性失業者。

2.就業服務法第二十四條特定就業促進對象、急難救助戶（a.負擔家計婦女 b.中高齡者 c.殘障者 d.原住民 e.生活扶助戶中有工作能力者）。

・資格條件

1.年滿十五歲至六十五歲。

2.參加政府機關主辦或委託辦理之各類全時日養成訓練或轉職訓練；訓練時數每月達一百二十小時以上；訓練期間在一個月以上，並領有結訓證明者。

・給付標準

每人每月發給訓練生活津貼一萬二千元，如另有扶養親屬者，每戶每月加給三千元，最高以十二個月爲限。

・檢附文件

1.申請書及印領清冊各一份。

2.離職證明。

3.勞保投保資料（特定就業促進對象免附）。

4.扶養親屬者附相關文件。

5.特定就業促進對象附證明文件。

・申請單位

本項津貼直接向訓練機構提出申請。

■創業貸款利息補貼

・適用對象

一般失業勞工。

・資格條件

1.年滿二十歲至六十五歲。

2.向公立就業服務機構辦理求職登記而無法獲得推介就業。

3.申請日前三年累計工作達三個月，或參加勞、農保三個月以上。

・給付標準

行政院勞工委員會職業訓練局按月補助年息百分之六貸款利息（如貸款利率低於百分之六時，以實際貸款利率計算，且還款以平均攤還方式為限），餘由申請人自行負擔，利息補貼以五年為限。

・檢附文件

1. 創業貸款利息補貼申請表件（含創業貸款計畫書）及領據。
2. 離職證明。
3. 身分證影本。
4. 勞農保證明文件。

二、勞工保險失業給付

■申請方式

申請人須親自到各地就業服務站辦理。

■申請資格

・年滿十五歲以上，六十歲以下具勞工保險條例第六條第一項第一款至第五款及第八條第一項第一款至第二款身份之本國籍被保險人非自願離職者：

1. 受僱於雇用勞工五人以上之公、民營工廠、礦場、鹽場、農場、牧場、林場、茶場之產業勞工及交通、公用事業之員工。
2. 受僱於雇用五人以上公司、行號之員工。
3. 受僱於雇用五人以上之新聞、文化、公益及合作事業之員工。
4. 依法不得參加公務人員保險或私立學校教職員保險之政府機關及公、私立學校之員工。

5.受僱從事漁業生產之勞動者。（1至5係第六條第一項第一款至第五款條文）

6.受僱於第六條第一項各款規定各業以外之員工。

7.受雇於雇用未滿五人之第六條第一項第一款至第三款規定各業之員工。（6至7係第八條第一項第一款至第二款條文）

・非自願離職辦理勞保退保當日止繳納失業給付保險費滿一年，具有工作能力及繼續工作意願，向公立就業服務機構辦理求職登記。

・八十八年一月一日以後因關廠、遷廠、休業、解散或破產宣告而離職者。

・因定期契約屆滿離職，逾一個月未能就業，且離職前一年內，契約期間合計滿六個月以上者視爲非自願離職。

・因勞動基準法第十一條（雇主須預告使得終止勞動契約之情形）、第十三條但書（雇主終止勞動契約之禁止暨例外）、第十四條（勞工無須預告即得終止勞動契約之情形）、第二十條（改組或轉讓時勞工留用或資遣之有關規定）規定情事之一而離職者。

■給付標準

・每月按申請人平均月投保薪資百分之六十計算，每個月發給一次。

‧失業給付發給期間以六個月爲限，每次領取給付後，其失業給付繳費年資應重新起算。

■應備文件

‧離職或定期契約證明（正、影本各一份）：證明文件由原投保單位或地方主管機關出具之，其確實無法取得證明文件者，得由申請人以書面釋明理由代替之。

‧申請人郵局或金融機構存款簿影本。

‧失業（再）認定、失業給付申請書及給付收據。

■除外規定

領取訓練生活津貼、臨時工作津貼或創業貸款利息補貼者，不得同時請領失業給付。

三、事業單位大量解雇勞工保護措施

■補助勞工集體涉訟律師費

勞工因事業單位於八十五年一月一日以後關廠或歇業而未依法領取資遣費或退休金致涉訟，且涉訟勞工人數在二十人以上者，得檢具事證，向各級勞工行政主管機關申請補助律師費。

■協助申請訴訟救助

事業單位大量解雇勞工而有積欠退休金或資遣費時，勞工得向各級勞工行政主管機關申請出具保證書以代釋明，向法院聲請訴訟救助，暫免審判費用、免供訴訟費用之擔保、保全程序之擔保及暫行免付執達員應收費用及墊款。

■全民健康保險費之補助

遭事業單位大量解雇之勞工於其改依全民健康保險條例第八條第一項第六款第二目身分加保時，其健康保險費再由政府補助百分之三十。

■勞工保險費之補助

被裁減資遣被保險人未依法獲得退休金、資遣費相當金額時，其年資合計滿十五年而自願繼續參加勞工保險時，其續保之保費應由各級政府編列預算酌於補助。

職場失業問題　造成社會問題

美國耶魯大學經濟學者歐肯（Arthur Okun）實證所發現的歐肯法則（Okun law）認為，失業率上升一個百分點，將會降低國民生產毛額（GNP）二個百分點，也就是說，失業人口增加，銀根緊縮，國民消費力就會降低，廠商生產的商品就會滯銷，導致經濟更加惡化，企業裁員將會「變本加厲」，因失業造成收入中斷，失業者陷入貧窮的風險將大幅增加，惡性循環的結果，就會造成社會問題。例如日本人所稱的「圓高不況」（即日圓升值引起的不景氣）產生價格破壞效果，成為一個消費昂貴之地，兼以長期不景氣、失業率居高不下，東方人的「美德」——節儉又復甦了，日本人「寧死」不消費以保生活安全（日本政府曾對六十五歲以上老人普遍發給每人五千日圓的消費券刺激消費，但效果不如預期，日本老人把它當「棺材本」省了下來）。在惡性循環下更加重經濟長期蕭條。（註一）又根據輔仁大學應用心理系教授夏林清曾追蹤調查關廠後的失業勞工資料，發現「打零工」幾乎是他們的唯一出路，尤其是中高齡勞工的就業更加困難，成為社會邊緣人。

失業悲歌　哀怨而終

隨著網路泡沫的破滅，美國高科技業的調整，兩岸產業競爭優勢的彼長我消，以及低薪外勞的衝擊，想工作卻找不到工作，是失業著普遍的「痛」，當開車從台北縣新莊往樹林的新樹路上行駛時，經過西盛里附近的原東菱電子公司的廠址路旁，仍擺放著「勞工檳榔攤」，這是一九九五年底該廠發生關廠爭議後，東菱電子自救會所設的檳榔攤，近六百名資遣員工中，能順利重返職場者不到一成；桃園縣福昌紡織公司，在一九九六年發生關廠爭議，其中有四名未拿到資遣費勞工，因長期失業，頓失生活依靠，鬱悶早死。

尊嚴的工作　不要救濟金

政府提供失業救濟，是救急不是救窮，救濟是短期的措施，如果失業者長期沒有工作，沒有收入，救濟補助也無法長期供給下，失業者最想要的是一份有保障的長期性工作飯票。因此就要靠政府改善國內企業經營環境，促進、獎勵投資，讓失業員工能「快樂」回到職場「日出而作，日落而息」，政府再如何規劃完善的失業救助措施，還不如提供失業者一個有尊嚴的長期工作環境來得實際。

靠人不如靠己，自救才能救人

失業者，一切就從頭過來吧！記住！靠人不如靠己，自救才能救人，把內心那股不甘心與遺憾，就把它放在心裡成為一種原動力，趕快從失業沮喪中清醒過來，趕緊去學習新技能，趕快走出去覓職，天無絕人之路，只怕有心人，山不轉路可轉，這些大家在國小讀書時，琅琅上口，當年如果將這幾句話套到作文題目內發揮一番，老師看了一定會用硃筆在這幾個字旁畫下幾個圈圈讚賞一番，就是要等你長大出社會後，在職場上做事遇到挫折、失志

時，能想起這幾句名言，失業者，去實踐它吧！莫遲疑，蟲，是給早起的鳥兒吃的！

註釋

註一：詹順發，〈零利率能否挽救日本經濟？〉，《自由時報》，自由廣場，二○○一年三月二十二日。

4 中年失業，不怕！

根據行政院主計處公布的資料顯示，二〇〇一年二月份中高年齡層（四十五歲至六十四歲）的失業人口創下歷年新高達六萬六千人，受失業波及人口近百萬人，如果你不幸正是這個統計數字的一部分，有幾項「步術」是你不能不知道的。

多年前在一次政府舉辦的勞工問題研討會上，有位民營企業的工會幹部哽咽地敘述被企業「放剁」（資遣），面臨中年失業的窘境，另一位國營企業的出席代表也表示，因政府政策的急轉彎，由公營改爲民營，使他「甘苦一世人，吃老嘸半項」，語多無奈下，他追問誰能替他解決問題。與會省府官員的回答，著實讓人嚇了一跳，他說：「若非今天是正式會議，我眞想和你們抱頭痛哭。我和你們一樣，精省後我將流落何方？有同樣的痛呀！」

失業率日增，越來越煩

一九九八年十月六日台灣省政府員工權益自救聯誼會在全國各大報刊登「給立法委員及全國同胞的一封信」，信中說十二月二十一日以後，台灣省政府員工將不知何去何從，千千萬萬的疑慮，長久仍得不到答案，內心焦慮與日俱增。中年失業對未來工作權保障與否的不確定感到惶恐，另覓新職的夫妻分散、家庭團員的破碎、父母奉養的難題、子女教育的問題、生活費的來源都得解決。

裁員壓力　點滴在心頭

中年人的煩躁、苦悶，也許周華健曾唱紅的一首歌，可以反應這群中年失業或瀕臨失業人的心聲，歌詞是這樣寫的：「最近比較煩，比較煩，比較煩，總覺得鈔票一天比一天難賺，朋友常常有意無意調侃，我也許有天改名叫『周轉』；最近比較煩，比較煩，比較煩，我看那前方怎樣也看不到岸，每個後面還有一班天才追趕……。」

日本連續多年不景氣，東京經理人聯盟秘書長下羅清次曾表示，日本在一九九四年時，四十五歲以上員工如果在大企業的年薪達一千萬日圓（約合新台幣二百七十萬元），或是在

中小型企業的年薪達八百萬日元（約新台幣二百一十六萬元），就成為被解雇的對象；一九九五年的解雇標準已下降到三十五歲，在大公司賺九百萬年薪（約新台幣二百四十三萬元），或在小公司拿六百萬（約新台幣一百六十二萬元）年薪的職員，也被納入裁員範圍。企業用各種手段來趕走員工，小公司通常在一、二個月前發通知，外商冷淡直接，通常是立刻發布遣散方案；財務情況較好的企業則比較從容，點點滴滴磨損員工的自尊，有些員工的職務逐漸減少，最後無事可做；有些則不斷調動到別的部門，如果拒絕調班，就可能必須辭職。

人有旦夕「失業」之虞

這則異邦見聞，卻正在台灣的社會發酵與見證。國內某大電子公司在一九九八年四月間，將一位工作年滿二十四年、年薪約新台幣二百萬元的資深研發經理，在他剛吹過五十五歲生日蛋糕蠟燭之際，以二面「白手套」策略——自願申請退休或要被資遣，請他「自行發落」，在「識時務者為俊傑」的情況下，他選擇了「榮退」；同樣的策略，也曾用在一位廠務級的經理身上。人到中年，職涯規劃變得非常重要，天有不測風雲，人有旦夕「失業」之虞。

一九九八年十一月初，科學園區某大外商公司以「迅雷不及掩耳」的速度，展開當年第二次裁員行動，雖然該廠才舉辦敦親睦鄰的運動會，但在曲終人散後，爲致力競爭力的提升，決定裁員九十人，員工無預警的接到資遣通知，當天就拿到資遣費，隔日就「失業」。一位被資遣的員工說，突然接到被資遣的消息，心裡是有點難以適應，應證了下羅清次的話：「外商冷淡直接，立刻發布資遣方案。」

樹欲靜　風吹不息

以生產掃瞄器著名的國內某大電腦廠。一九九八年六月因停產麥金塔相容電腦，以及掃瞄器價格不斷下降，爲維持競爭力，決定調整新竹總廠及湖口廠部分夜班生產線員工作業時段。經員工抗爭後，公司與一百七十七位員工充分溝通，其中一百名員工願意接受公司安排，調至白天正常班工作，另七十七人則無法接受公司安排的工作時段，發給資遣費終止勞動契約，可是在四個月後，該廠大裁員的消息又見報，這次是受全球金融局勢不穩定、資訊市場景氣低迷等多種因素影響，裁員一百一十三人。「樹欲靜，風吹不息」，雖然員工同意調班，終究不能保住飯碗。

爭取工作權　不願被資遣

誠如台北縣永大針織產業工會會員前往勞委會陳情時表示，他們只想「爭取工作權，不願被資遣」。部分陳情的女工指出，她們把青春都給了公司，但公司卻一腳把她們踢開，如今她們老了，也沒有一技之長，公司不要她們，等於把她們逼上絕路。幾個月前，同樣坐在勞委會門前地板請願、抗爭的聯福製衣廠，一位年資已十九年的失業女工說：「我實在覺得很嘔，爲什麼我們年紀這麼大了，還要臥鐵軌、睡街頭呢？」

這群曾被視爲溫和勤奮、創造台灣經濟奇蹟的上班族，當步入中年後，在職場上卻被「暗殺」，突然失去生活的憑據，是太相信老闆在創業艱苦期的「甜言蜜語」嗎？還是自己在與企業共享豐收季節的黃金歲月裡，沈迷過去對企業的貢獻與努力，而忘了自我管理，以及「不進則退」、「長江後浪推前浪」的警語，落得自哀自憐？今天如果你在職場被打敗，把你打敗的年輕人不以你的失敗作借鏡，他日失業的苦果一樣會落在今日勝利者的身上。

習得專長　整裝待發

如果面對中年失業危機，是現代上班族必修的課程，下列有幾項「步術」提供參考，才

不會「吃老嘸半項」。

一、保持健康

俗話說：「留得青山在，不怕沒柴燒」，人到中年會開始出現一種異於壯年期的生理、內分泌、心理、處世態度等更年期的現象，因此年輕時除了工作外，也要注意身體的保養，否則蠟燭二頭燒，當企業經營危機出現時，裁員是企業短期降低成本最有效的特效藥，棄「你」保「企業」時，有了健康的身體，就有本錢再出發，創造第二、第三個職場上的春天。

二、職業專長

一技走一生，是在沒有競爭環境下的產物；現在是資訊化社會，天涯若比鄰，一技能走半生，就很慶幸，另外的半生就要再學習另一項謀生專長，否則年紀越大，再就業的機率就愈渺小。當人的學習腳步一停頓，失業的危機就會附身，只要有計畫、有目的的學習，就可以提高自己的附加價值，儲備失業後再出發的實力。自信有附加價值的人，失業如浮雲，撥雲見日，何足懼之？

三、人際網路

俗語說：「在家靠父母，出外靠朋友。」朋友是你在面臨失業時，能提供再就業的「耳目」。在企業平順經營時，主管是你的恩人；在企業經營走下坡時，主管在裁員之餘又介紹其他工作的機會微乎其微，只有靠平日所結交的朋友來幫忙推薦。

四、放下身段

過去的成就，不代表未來一樣有成就，千萬不要陶醉在過去的光榮裡。因此成熟的中年失業人，必須懂得放下身段，把工作「歸零」看待，重新冷靜思索工作的意義。人生的前半段，往往不是爲自己的興趣而工作；中年失業，剛好逼著你重新思考要用怎麼樣的心態再出發，以度過快樂的「餘生」。找的工作不要介意有沒有面子，不要再鑽入名與利的漩渦裡；勇於嘗試新的工作、新挑戰，不要在意別人用「有色」的眼光來看待你，更不要因爲後起之秀鋒芒太露而心生憤怒，如果你肯定自己，三、五年後又將是一條好漢，例如前交通部長郭南宏，擔任全景軟體公司董事長，在一九九八年電子展覽會場自家的攤位上，跟年輕的同事一起搬運展品，忙進忙出，自得其樂。別人不能打敗你，最可怕的是你把自己打敗，那就是眞正的中年失業危機，無法自救。

五、自我激勵

逆境可以爆發生命力的韌性，《EQ》一書的作者丹尼爾．高曼，把自我激勵列爲五大修練之一。中年求職會遇到許多挫折，而挫折則是過去沒有用心改正缺點的後遺症。最重

要的是要透過自我評估，一方面分析自己的價值（長處），另一方面徹底盤點自己的弱點（短處），主動克服橫梗於前的難題，千萬不要自暴自棄，自甘墮落。你必須挺起胸膛，以事實證明自己是有用之才。

六、心靈寄託

企業不爭氣，自己才會遭解雇，用這樣的心情來看待失業，才不會自哀自嘆。失業的長短因人而異，失業人的憂鬱、煩躁、苦悶、恐慌，一種說不出來的苦辣滋味會迴盪心頭，所以中年失業者必須要有信仰，不一定要皈依任何教派，但可以看看宗教的書籍，用信仰的力量來清掃心靈不時湧上來的污塵。當你仍然走不出「被攆走」的陰影時，也許禪宗的一句話可以有所啓發：「如果您不能將以往的種種心事『放下』的話，那麼您就永遠『提著』吧！」只有放下過去種種的是非，才能重新創造新的職涯。

學習小草　反敗爲勝

裕隆集團掌舵人吳舜文，在其所述的《吳舜文傳》一書中，提到她在事業產生逆境時，將「小草」這首民歌做爲她反敗爲勝的座右銘：「大風起，把頭搖一搖；風停了，就挺直腰。大雨來，彎著背，讓雨澆；雨停了，抬起頭，站直腳。不怕風，不怕雨，立志要長高。

小草，實在是並不小！」在此願將這首歌獻給中年失業的朋友。

（本文發表於一九九八年十二月《管理雜誌》，二〇〇一年三月修稿）

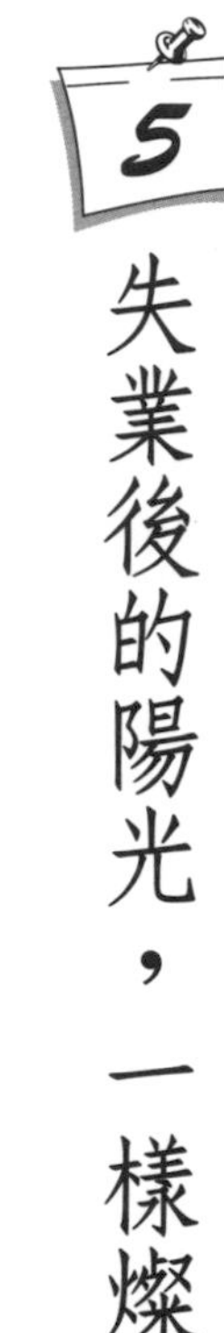

5 失業後的陽光，一樣燦爛

非自願的失業並不意謂著你失去了自我或價值，只要自己願意學習，自己肯定自己，自己給自己掌聲，失業後的陽光一樣燦爛。

年終獎金是我國社會行之多年的傳統習俗，也是企業文化特有的產物，每逢歲末年終獎金發放，總是勞資雙方關注的焦點。根據行政院勞委會公布的資料，一九九九年有四成雇主發不出年終獎金，在職員工過著「寒酸」的春節，但是對一九九八年失業的二十七萬名勞工而言，這個年過得更是「鬱卒」。

無情的失業打擊

《華盛頓郵報》曾在一九九八年十二月報導南韓一位年收入四萬美金（約新台幣一百三十二萬元）的保險公司主管失業過聖誕節的窘境。三十九歲的金明雲（音譯）在聖誕節前夕，獨自在廚房默默的等待在美容院工作的妻子下班，以便與二位子女共度平安夜。過去家裡總會買一棵眞材實料的聖誕樹來裝飾，但是今年只能在廚房屋頂掛上十幾顆汽球和綵帶；往年爲慶祝聖誕，他會給女兒準備娃娃屋及各式各樣的禮物，而今年十二歲及七歲的兩個女兒，只收到父親給與一人一條圍巾。金融危機奪走了這位中階主管的工作與假日歡笑的氣氛，全家過了一次走味的聖誕平安夜。

傳統的工作哲學已經不能再適用這個多變的工作環境，企業不再有多餘的能力照顧「只有苦勞，沒有功勞」的員工，「夙夜匪懈」的勤奮工作、忠心耿耿的爲公司「抛頭顱灑熱血」的賣命工作，再也不能確保企業會給你終身飯票，保障您的工作權。在人生職涯的道路上，可能要隨時面對著無情的失業打擊，這種「不可能發生在我身上的失業」，將在一夕之間變得再眞實不過。

業可失，志不可喪

失業是相當令人心碎的痛苦經驗，一位失業者感慨的說：「失落的，並不是工作或薪水，而是一份對人的相信與熱情。失業後，我都在報紙求職欄間遊走；每一秒，我都深陷在對人性質疑的困惑中。」如果這位失業者在平時就做好失業心理準備，知道如何應付突然接

到失業通知的心理調適，將會比沒有危機意識的上班族在遭逢不幸時，更容易從痛苦的深淵中迅速「莊敬自強」。非自願的失業者，並不意謂著你失去了自我或價值，這也是失業者極須切記的一點，「業可失，志不可喪」。

在《失業後的陽光》一書中，作者瑪拉．布朗（Mara Brown）舉了肯德基炸雞的例子來激勵失業者。桑德斯（Harland Sanders）上校在六十五歲那年領到他生平第一筆社會救濟金，他明白這筆錢並不足以應付他一個月的開銷，他必須另有收入，但他一無專長，年紀又一大把，只是他很有自信的認爲他手上的雞肉食譜總還有點價值，因此他下定決心，開車到全美各地推銷這份雞肉食譜，但他屢遭拒絕，屢敗屢戰，鍥而不捨，不斷改良推銷方式，在經歷上千次的無情拒絕之後，終於有人點頭說好。假如他在挫折之中不堅持下去，他就不會成爲全世界受歡迎的速食炸雞店創始人。

失業者教戰守策

失業如果不能逃避，下列的十四項教戰守策，提供給你參考：

一、被革職的理由

企業將你列入「黑名單」，請你「走路」的理由是否符合勞動基準法（簡稱勞基法）第十一條的合法資遣條件之一。若是不合法的資遣，就可到當地縣市政府勞工局申訴，要求依勞資爭議處理法調解，或直接上法院控訴不當的革職。

二、資遣費計算

資遣費的計算是否依據勞基法第十七條規定的標準給付，重點是平均工資的計算，是否被「剋扣斤兩」。例如一九九八年板橋地方法院的判例，海外津貼如每個月固定給付，須列入平均工資計算。

三、預告工資

依照勞基法第十六條規定，資遣員工必須依該員工服務年資長短，給予十天、二十天或三十天的預告時間，每週有二天有薪假外出找工作，如果企業害怕因「處理不公」，讓即將失業的員工在廠內「興風作浪」，則必須一次給付上述天數的預告工資。

四、獎金

如果過年前被資遣，則可向資方爭取給付年終獎金。如果以年薪十四個月的書面契約來算，也可爭取將獎金列入平均工資計算。

五、未休特別休假

由於被資遣爲非自願離職，當年度尙未休完之特別休假一併要求結算工資給付。

六、要求推薦函

有些企業的主管，不願意給資遣員工推薦函，因爲在資遣名單中，有些私人因素滲雜下的裁員，如果給你「溢美」的求職推薦函，豈非自打嘴巴？因此失業者必須力爭拿到此一信函，以利求職，尤其對年資久的中、高階主管被裁員，更是一份重要的能力肯定求職護身符。

七、離職證明書

政府自一九九九年一月一日起開辦勞工保險失業給付，被保險人於被資遣後，應檢附離職證明文件，親自向公立就業服務機構辦理求職登記及申請失業認定。失業給付自被保險人向公立就業服務機構辦理求職登記之日起第七日起算，每一個月領一次失業給付。

八、查公立就業服務機構地址

在被資遣當日，必須向人事單位要一份公立就業服務機構的地址及電話，以便失業後迅速與就業服務站取得聯繫，以利接受政府各項訓練訊息及申請失業給付。

九、勞工保險權益

失業者參加勞工保險年資合計滿十五年，被裁減資遣而自願繼續參加勞工保險者，由原投保單位爲其辦理參加普通事故保險，至符合請領老年給付之日止。保費自行負擔百分之八十。

十、勇敢面對家人

失業令人震驚，令人否定自己，令人一蹶不振，家人也會深深受到你失業的影響。失業者千萬不要把「牢騷、憤怒」的臉色帶回家，給家人痛苦，應該勇敢的面對失業的事實，心平氣和的與家人溝通，請他們支持你走出失業的陰霾，要永遠記得「天無絕人之路」，除非自己不去找路走。

十一、通知親友你失業了

裁員都是因爲企業經營出了問題，失業人不要自責太深，去找新工作是現階段最需解決的問題，你必須廣結善緣，告訴你的親朋好友，你正在找工作，讓他們做爲你找工作上的「千里眼」或「順風耳」，透過朋友的朋友傳播，也許新工作得來全不費功夫。

十二、敵人就在身邊

被裁員，你的主管不是您的敵人，眞正的敵人是你自己的個性與能力出了「問題」。爲什麼其他同事不會被裁掉，而會裁到我？一定是你的工作能力已經被組織內的同事所取代，或者因爲企業的業務轉換，你的技術已落伍或過時。縱使你又找到新工作，你還是要經常「盤點」自己的缺點，逐步去改進缺點，增添自己的競爭優勢，將逆境變順境，有本事就不

怕企業經營的任何風吹草動。

十三、患難見真情

對失業者而言，被前主管與前同事拋棄的感覺，是失業者難以承受的椎心之痛。失業後你就能體會曾與你親密與共的同事中，誰才是眞正的朋友。

十四、樂觀面對人生

沒有嘗過「苦」，怎能知道「甜」是什麼滋味；沒有受過「挫折」，怎能知道「感恩」的回饋。樂觀面對現實的失業窘境，成功永遠是給有信心、樂觀進取的人。

天無絕人之路

一九九八年五月間關廠的三重市太中工業公司失業員工，經台北縣政府安排參加「中餐烹調技術士班」第二專長的職業訓練，有八位考取丙級證照，當他們接到證照時，回想失業後的遭遇，百感交集，許多人掩面啜泣，喜悅中帶著感傷。他們爲失業者見證了一件事，就是「天無絕人之路」，只要自己願意學習，自己肯定自己，自己給自己掌聲，失業後的陽光一樣燦爛。

（本文發表於一九九九年四月《管理雜誌》，二〇〇一年三月修稿）

6 失業員工的自處之道

行政院主計處在二〇〇〇年十一月二十三日發布當年十月份失業率爲百分之三．一九，創自一九八五年以來同月歷史新高，失業人數三十一萬三千人，受失業波及的人數高達七十三萬餘人，其中因工作場所歇業或業務緊縮所導致的非自願性的失業人數高達九萬三千人，失業者增加比例以中高齡者、低教育程度者、基層藍領勞工（體力工、機械工）最爲嚴重。

阿母啊喂！沒頭路要按怎？

翌日，《民衆日報》在頭版用聳動、引人注意，且鄉土味實足的斗大台語詞彙「阿母啊喂！沒頭路要按怎？」做標題，凸顯目前台灣失業率的嚴重與失業者要面對的家計生活支出費造成的困境，以及職涯前途茫茫然的困惑與不安之寫照。

在台灣民間習俗上，每年農曆十二月十六日是商家拜土地公的尾牙日，這一天夜晚，也

是老闆為感謝夥計一年來辛勞特別舉辦「尾牙宴」來「感恩」，本來聚餐是喜事一樁，但是當大夥酒酣耳熱之際，白斬土雞上桌，在老闆事先叮嚀吩咐下，端菜服務生就會將雞頭對準某人，勞工「失業」就透過雞頭來暗示與通知，與宋朝趙匡胤的「杯酒釋兵權」有異曲同工之妙。但是現代企業經營管理卻流行「無預警裁員」政策，使員工的「職涯」路上，隨時充滿不安、恐懼，眞怕那一天失業邀約，不請自來。

居安思危　月月心驚

近來因受景氣低迷，政治環境混沌，經濟發展政策搖擺不定，核四停建，核四復工、核四公投、傳統產業「大膽西進」，政府開放兩岸三通、國內環保趨嚴、工時縮短等因素影響，以及台灣與大陸即將雙雙成為世界貿易組織（WTO）的會員，一旦開放市場後，競爭加劇，會有更多關廠、歇業情形發生，而縮短工時，成本上升，產業結構變更，造成企業利潤的降低，這些不利產業發展的因素湊合在一起產生的綜效，對部分上班族而言，公元二〇〇一年的冬天會冷颼颼，失業陰影使得中高齡上班族的勞工，更是「月月心驚」、「憂心如焚」，害怕失業魘夢不請自來，退休金可能因而泡湯。所以，「失業因應對策與心理準備」，將會成為二十一世紀就業者在正式從職場退休前，變成為一門必修的課程，就業者如何拿到

「資遺費與預告期間工資」的同時，新的「頭家」已在等你「帶槍（Know-how）投靠」，再創就業「第二春」、「第三春」……，就看就業者平日「居安思危」警覺度的強弱。

裁員出招時　老闆停聽看

經營企業之宗旨有：「取悅顧客，股東獲利、照顧員工及贊助公益事業。」四項目標，一旦企業因經營造成困境，或對未來經營環境有不確定感，要縮小經營規模、轉型跨入其他行業，企業採取瘦身、歇業、關廠，以保障投資股東之權益，是無可厚非的，但企業主必須盡最大的「誠意」照顧曾經一起打拚過「夥伴」。下列幾項是雇主在遣散員工時應有責任與胸襟：

一、訓練員工多技能的專業

企業經營在順境時，要鼓勵與提供員工參加訓練的機會，提升與增強專業技能，除了所學能貢獻企業外，一旦企業轉型不需此類員工專長時，讓員工很快的利用原先企業「栽培」學到的個人專長轉戰另一職場。

二、掀開財報盈虧神秘面紗

企業每年盈虧要讓員工知道，員工就有「危機意識」，員工就會「互相砥礪」，一旦企業宣布裁員時，員工就不會錯愕驚恐，甚至反而同情公司的經營苦境，不敢「無理」需索「過分」的資遣費。

三、裁員依法辦事以德服人

依照「就業服務法」的規定，雇主資遣員工時，應於員工離職之七日前列冊向當地主管機關及公立就業服務機構通報。同時資遣費與預告工資之給付，也必須遵循「勞動基準法」的規定辦理，因爲勞動基準法是規定最低勞動條件，企業主在財務上能負擔時，應多照顧中高齡之久任員工與身心障礙者，多盡一份照顧員工的責任，也是一種「功德」，將來企業東山再起，也才能「以德服人」。

四、宣導政府就業促進津貼

政府爲獎勵企業多雇用特定對象失業者，特別頒布一項「就業促進津貼實施要點」的措施，內容包括對失業者與對企業兩種補助方式。對個人部分，包括給予四種津貼：求職交通津貼（一年四次，一次五百至一千二百五十元）；臨時工作津貼（一天五百二十四元，可領六個月）；訓練生活津貼（一個月一萬二千元，如果有眷屬再增加三千元，可領一年）；創業貸款利息津貼（百分之六低利貸款一百萬元）。至於對企業的補助，包括雇用失業勞工可以每月補助五千元，雇用災區失業勞工補助可以提高到每月一萬元。因此企業主在資遣員工時，也必須將政府對失業者短期照顧失業者的「德政」通知員工，讓他們離開原來的職場後，能到各地就業服務中心了解可否申請補助與請求協助尋找就業機會。

五、給資遣員工尊嚴與尊重

企業經營不善，由員工來背負「失業」的「十字架」，說真的企業主是虧欠這些員工的。因而企業主必須承認資遣員工的舉動是「資方的錯」，應該主動發給資遣員工一份求職推薦函，否則失業者應徵工作時，求才廠商對他們的被資遣事，會用有色、懷疑的眼光，來審視他們是否因工作表現不佳而被資遣，求職不成又造成二次傷害，對失業者真是情何以堪？

此處不留人　必有留人處

隨著社會邁入二十一世紀，知識競技掛帥所衍生的數位落差（高科技人才不足，傳統產業勞工又無法遞補此些空缺），使得在職場上的中高齡者、低教育程度者及基層藍領勞工，必須要有心理準備如何避免失業的「降臨」及不幸被裁員的「自處」之道：

一、敏銳的產業轉型觀察力

這幾年來，國內產業結構已顯著調整，製造業大多由勞力密集轉向資本技術密集的型態

發展，對人力的需求已不若七〇年代這麼殷切。當工業科技化和自動化、商務電子化與服務專業化來臨，未來專業人力將供不應求，但初級基層勞工將供過以求。因此在傳統產業職場工作的上班族，就要隨時有失業危機的認知感。自己如何在職期間加強學習第二、第三專長的技能，是保證「此處不留人，他處搶著要」的「求職武器」。

二、外勞威脅不可等閒視之

外勞來台工作的人數有三十一萬三千人，約相當於目前國內失業人數。引進外勞對雇主而言好處多多：雇用合同期限到期，外勞就必須離開台灣，不用支付資遣費、退休金；外勞肯吃苦，對於輪班制度「甘之如飴」，加班配合度又高，擔任粗重工作無怨言而薪資給付也不高（不低於基本工資），這些勞動條件是本國勞工不容易配合的，尤其3D（骯髒、危險、艱苦）行業幾乎已被「外籍打工團」占領；至於外勞配額不夠的企業，則「候時機」開始外移，二〇〇〇年年底，報載年興紡織尼國廠被控涉嫌剝削勞工之事，提到尼加拉瓜成衣工人的月工資平均才八百尼幣（折合新台幣約二千一百元）；不久前才關閉生產線的嘉裕西服中壢廠，轉投資的菲律賓的工廠，其生產成本是台灣的五分之一，在台灣請一個工人，在菲律賓可請五位工人，從內外在就業環境提供「廉價勞工」夾擊下，就業者必須體認自己要「莊敬自強」，所從事之「專業」是會「增值」的知能，才能成為職場上的「不倒翁」。

三、攻占熱門行業贏得先機

十年前，除了極少數有先見之明者外，誰也料想不到網頁設計師有朝一日成爲二〇〇〇年最炙手可熱的行業，但未來的發展趨勢又會有那些新興行業崛起，《時代週刊》提供未來的十大熱門行業爲：細胞組織工程師、基因程式工程師、製藥農民、生態糾察員、資訊礦工、線上雜役、虛擬實境演員、窄播員（此行業爲廣播業和廣告業結合產生的播報方式，廣告將以各種味道撩撥消費者的購買慾）、電腦測試員及知識工程師等十種，上班族的你，職業轉型是否已準備了？拓荒是「辛苦的」，但成果是「甜美的」；跟隨是「無憂無慮的」，但風險是「隨時降臨的」。孔老夫子說：「人無遠慮，必有近憂。」要避免失業，這句名言值得做爲在職場上不怕風吹草動的「附身符」。

四、提升專業永保飯碗不破

技術即是投入就業市場的入場券，技術不僅攸關個人能否繼續保有飯碗，更是與個人所得息息相關，例如一九九〇年以後，美國上班族收入最高的前百分之十平均每週薪資爲一千美元，而收入最低的後百分之十，平均每週薪資爲二點七五美元，收入差距達四．三倍。由於全球化的新經濟，在個人專長方面，外國語文能力的強弱，將會決定一旦企業要「變革」、被「購併」或要到海外據點「搶灘」時，外語能力將會成爲個人職位保衛戰的「中流

砥柱」。

五、待業期間身心自我調適

截至二〇〇〇年十月底，四十五歲至六十五歲的中高年失業者高達四萬五千人，占總失業人口的百分之十五，這些高年齡群失業者，因工作無著落，經濟又困頓之際，嚴重打擊個人的自尊、人生觀和士氣。失業者造成身心的困擾、煩躁，不該忽視也不該隱忍，但如何安然度過「求職黑暗期」，就格外顯得重要，如能把失業當作個人資源的再重組與重新布局的時機，則沮喪和絕望就不能「藏在我心」，困擾、煩躁也將逐漸化爲失業者生命中的一段小漣漪，「堅持等待」改變，是失業者維持身心健康不二心法。

六、先卡職位安頓身心再說

一位五十六歲，原本經營營造業承包商的曾姓求職者，因房地產景氣低迷不振而結束營業，失業已半年的他，前去參加行政院職訓局在台北火車站廣場舉辦的「進用中高齡者績優廠商表揚暨現場徵才活動」，現場有四十六家廠商在「招兵買馬」，提供職位並不多，問來問去，只有清潔工最適合他，原本他希望找個三萬元的工作，不過業者僅能提供二萬元的工作，猶豫半天，曾先生還是塡妥工作申請單，他說：「時機歹歹，先卡個位子塡飽肚子再說吧！」放下身段，從頭做起，騎驢再找馬，才是良策。

二〇〇一年就業市場大趨勢

根據《就業雜誌》完成的〈二〇〇一年就業市場大趨勢〉專文指出，下列十二項是二〇〇一年就業市場的新趨勢，提供給失業者或幸運的在職者參考，抓住趨勢，趨吉避凶，是常保飯碗的不二法門：

- 失業率將持續攀升。
- 低學歷者將成爲長期的失業族。
- 中高齡失業將成常態。
- 台商對大陸投資擴大，兩岸人才快速流動。
- 服務業大量導入二度就業婦女。
- 企業基層及行政勞動力由外包取代將成趨勢。
- 科技人才將回流南部。
- 外勞仍將扮演企業好幫手。
- 專業人才掛帥、薪資兩極化。
- 社會新鮮人求職冰河期。

・年終獎金將縮水、加薪不到百分之五。

・金融業大合併將產生人力失衡現象。

（本文發表於二〇〇一年一月《管理雜誌》，二〇〇一年三月第一次修稿，資料來源：各報章雜誌）

附表（圖）

勞工保險失業給付相關作業申請手續流程圖

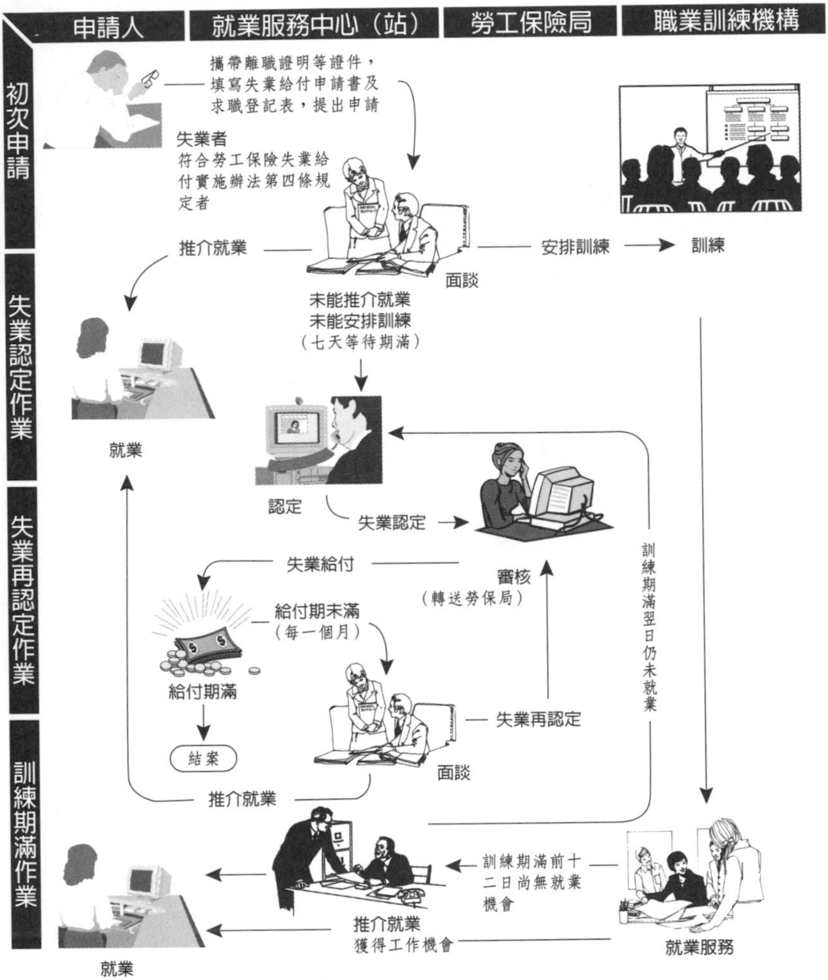

申請人 | 就業服務中心（站） | 勞工保險局 | 職業訓練機構

初次申請

攜帶離職證明等證件，
填寫失業給付申請書及
求職登記表，提出申請

失業者
符合勞工保險失業給付實施辦法第四條規定者

推介就業

安排訓練 → 訓練

面談

失業認定作業

未能推介就業
未能安排訓練
（七天等待期滿）

就業

認定

失業認定 →

審核
（轉送勞保局）

失業再認定作業

失業給付

給付期未滿
（每一個月）

給付期滿

結案

失業再認定

面談

推介就業

訓練期滿翌日仍未就業

訓練期滿作業

訓練期滿前十二日尚無就業機會

推介就業
獲得工作機會

就業服務

就業

申請勞工保險失業給付請至各公立就業服務機構洽辦手續

資料來源：《勞工保險失業給付申請須知》，勞工保險局編印。

失業〔再〕認定、失業給付申請書暨給付收據

失業認定填表範本

失業〔再〕認定、失業給付申請書暨給付收據

申請日期： 88 年 1 月 4 日

就服站代碼 □□□ — 認定編號 □□□□□□

＊申請失業再認定時，第（4）至（10）及（12）欄如與前次申請認定資料相同，可不必填寫。

申請人及給付收據欄

欄位	內容	欄位	內容
(1) 姓名	王小明	(2) 身分證號	A888888888
(3) 出生日期	45 年 1 月 1 日	(4) 電話	(02) 8888-8888
(5) 地址	北市羅斯福路七段10号13F		
(6) 離職日期	88年 1月 3日	(7) 求職登記日期	88年 1月 4日
(8) 離職單位名稱及保險證號	王記有限公司 保險證號：工字100000號	(9) 申請或推介工作地點	⊙原工作所在地 台北 縣(市) ⊙希望工作地點 基隆 縣(市)
(10) 失業期間另有其他工作收入者，月工作收入金額	新台幣：無 元	(11) 此次申請失業給付起日	88 年 1 月 18 日
(12) 申請金額	新台幣：5,000 元		

※給付方式(請☑選一項)

□①郵政存簿儲金(H) 局號：□□□□□□—□（檢號）　帳號：□□□□□□—□（檢號）

儲金簿局號或帳號不足六位者，請在左邊補零。

☑②金融機構名稱：土地 銀行(庫局)　台北 分行(支庫局)

金融機構存簿(B)：

總代號	分支代號	帳號（單位別、科目別、存戶號碼、檢查號等）
100	100	100000000000

備註：1 金融機構存簿之總代號、分支代號及帳號，請分別由左至右填寫完整，位數不足者，不須補零。
2 給付金額以勞工保險局核定金額為準。

上列各項均屬真實無訛　申請人（代理人） 王小明　[王小明印]（簽章）

勞保資料狀況欄

※ 申請應備書件：

1. 原投保單位或地方主管機關出具之離職證明文件，正本附影本一份。
2. 國民身分證正本附影本一份。
3. 申請人郵局或金融機構存款簿封面影本一份。
4. 最高學歷證書、技術士證、曾接受職業訓練之結訓證書影本。

公立就服機構審核欄

□失業認定　□失業第____次再認定

□ 1 申請人姓名、身分證號、出生日期電腦資料變更。
□ 2 無適當工作可資推介或無法安排參加職業訓練。
□ 3 參加職業訓練結訓後仍無適當工作可資推介。
□ 4 經推介至____________參加職業訓練。
□ 5 已經推介就業。
□ 6 附件共______份______張。

就業服務機構名稱：
（請蓋印信或章戳）

(再)認定日期：　年　月　日
下次再認定日期：　年　月　日（假日順延）

資料來源：《勞工保險失業給付申請須知》，勞工保險局編印。

資遣員工通報名冊（參考範本）

（事業單位名稱）資遣員工通報名冊　地址：　電話：　造冊人：

姓名							
身分證字號							
出生年月日							
學歷							
殘障類別（非殘障者免填）							
擔任工作							
資遣事由							
資遣生效日期							
是否需輔導就業：是							
是否需輔導就業：否							
通訊地址							
電話							
備註							

資料來源：《就業服務法解釋令彙編》，勞委會職訓局編印。

離職證明書（參考範本）

離職證明書

<table>
<tr><td>姓　　名</td><td colspan="2"></td><td>出生日期</td><td colspan="10">民國　　年　　月　　日</td></tr>
<tr><td>性　　別</td><td>□男
□女</td><td>身分證統一編號</td><td></td><td></td><td></td><td></td><td></td><td></td><td></td><td></td><td></td><td></td><td></td></tr>
<tr><td>住　　址</td><td colspan="13"></td></tr>
<tr><td>工作性質</td><td colspan="2"></td><td>電　話</td><td colspan="10">（　）</td></tr>
<tr><td colspan="3">離職當月工資（新台幣）</td><td colspan="11">離職：　　年　　月　　日
（★離職日期為在職最後一日）</td></tr>
<tr><td>離職原因</td><td colspan="13">□關廠　□歇業　□休業　□轉業　□解散　□破產
□業務緊縮　□技術調整致所擔任之工作確不能勝任</td></tr>
<tr><td colspan="3">（身分證影本正面黏貼欄）</td><td colspan="11">（身分證影本背面黏貼欄）</td></tr>
<tr><td>投保單位證明欄（★離職證明由投保單位出具者請填本欄）</td><td colspan="13">投保單位名稱：
（請蓋印信或章戳）

保險證號：＿＿＿＿＿＿＿＿

投保單位地址：＿＿＿＿＿＿＿＿＿＿＿＿＿＿

投保單位電話：（　）＿＿＿＿＿＿＿＿</td></tr>
<tr><td>主管機關證明欄（★離職證明由地方主管機關出具者請填本欄）</td><td colspan="13">主管機關名稱：
（請蓋印信或章戳）</td></tr>
<tr><td>填表日期</td><td colspan="13">民國　　年　　月　　日</td></tr>
</table>

資料來源：《勞工保險失業給付申請須知》，勞工保險局編印。

勞資爭議調解程序流程圖

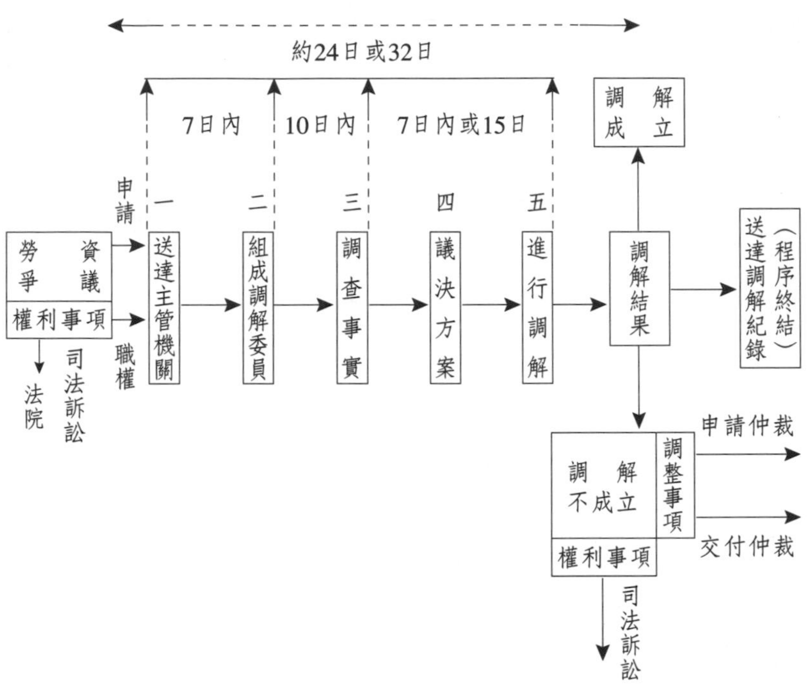

勞資爭議仲裁程序流程圖

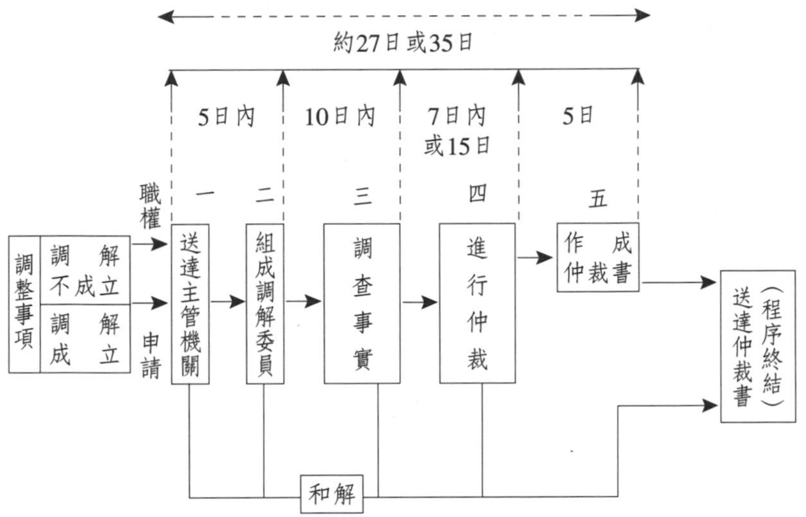

各級勞工行政機關通訊錄

行政機關	電話	地址
行政院勞工委員會	(02)87701866	台北市民生東路三段132號
勞工保險監理委員會	(02)23951182	台北市羅斯福路一段4號10樓
經濟部加工出口區管理處	080-711536	高雄市楠梓區加昌路600號
新竹科學工業園區管理局	(03)5773311轉531	新竹市新安路2號
行政院勞工委員會中部辦公司	(04)2515120	台中市南屯區黎明路二段501號6-8樓
台北市政府勞工局	(02)27208889	台北市市府路1號5樓
高雄市政府勞工局	(07)8124613	高雄市前鎮區鎮中路6號
宜蘭縣政府社會科	(03)9355420轉254	宜蘭縣宜蘭市和平路451號
台北縣政府勞工局	(02)29686333	台北縣板橋市中正路6號3樓
桃園縣政府勞工局	(03)3386165	桃園市縣府路1號8樓
新竹縣政府社會科	(03)5518101	新竹縣竹北市光明六路10號
苗栗縣政府社會科	(037)332359	苗栗市縣府路100號
台中縣政府勞工科	(04)25263100轉2810	台中縣豐原市陽明街36號
南投縣政府社會科	(049)2222347	南投市中興路660號
彰化縣政府勞工科	(04)7222151轉515	彰化市中山路二段416號
雲林縣政府社會科	(05)5323395	雲林縣斗六市雲林路二段515號
嘉義縣政府社會科	(05)3620123	嘉義縣太保市祥和新村祥和一路1號
台南縣政府勞工科	(06)6322231	台南市新營市民治路36號
高雄縣政府勞工科	(07)7477611轉296	高雄縣鳥松鄉大埤路117號3樓
屏東縣政府社會科	(08)7320415轉378	屏東市自由路527號
花蓮縣政府社會科	(03)8227171轉220	花蓮縣花蓮市府前路17號
台東縣政府社會科	(089)328254	台東市中山路276號
澎湖縣政府民政局勞工課	(06)9274400轉286	馬公市中興里治平路32號
基隆市政府社會局	(02)24249469	基隆市義一路1號
新竹市政府社會科	(035)228445轉303	新竹市中正路120號
台中市政府社會局	(04)22289111	台中市民權路99號
嘉義市政府社會科	(05)2254321轉524	嘉義市民生北路1號
台南市政府勞工科	(06)3901747	台南市永華路二段6號8樓
金門縣政府	(082)325640	金門縣金城鎮民生路60號
連江縣政府	(0836)22381	馬祖南竿鄉介壽村76號

各公立就業服務機構通訊錄

一、台北市

台北市就業服務中心

台北市大同區承德路3段287號
電　　話：(02)25942277轉200至205
（中心服務站轉600至604）
傳真號碼：(02)25964411

身心障礙就業服務站

台北市大同區承德路3段287號
電　　話：(02)25942277轉700至716
(02)25992111
傳真號碼：(02)25864818

光華就業服務站

台北市新生南路1段2之1號
電　　話：(02)23934981
傳真號碼：(02)23217218

西門就業服務站

台北市峨嵋街81號
電　　話：(02)23813344
傳真號碼：(02)23719805

南港就業服務站

台北市南港路1段360號4樓
電　　話：(02)27881973
傳真號碼：(02)27832844

文山就業服務站

台北市木柵路3段220號1樓
電　　話：(02)29397477
傳真號碼：(02)29362023

士林就業服務站

台北市大東路75號
電　　話：(02)28825403
傳真號碼：(02)28825399

松山就業服務站

台北市松隆路290號2樓
電　　話：(02)27608449
傳真號碼：(02)27629207

二、高雄市

高雄市訓練就業中心

高雄市前鎮區鎮中路6號1樓
電　　話：(07)8220790
傳真號碼：(07)8224112

三民就業服務站

高雄市三民區哈爾濱街215號
電　　話：(07)3228995
傳真號碼：(07)3228048

鹽埕就業服務站

高雄市鹽埕區大仁路6號1樓
電　　話：(07)5218939
傳真號碼：(07)5312906

三、台灣省

（一）東北部

基隆區就業服務中心

基隆市中正區中正路102號
電　　話：(02)24225263～4

傳真號碼：(02)24281514

羅東就業服務站

羅東鎮公正路290之2號

電　　話：(03)9542094

傳真號碼：(03)9576435

花蓮就業服務站

花蓮市國民三街25號

電　　話：(03)8323262

傳真號碼：(03)8356927

玉里就業服務站

玉里鎮光復路160號

電　　話：(03)8882033

傳真號碼：(03)8886140

（二）北部

台北區就業服務中心

桃園市南華街92號

電　　話：(03)3333005

傳真號碼：(03)3361134

中和就業服務站

中和市景平路239之1號

電　　話：(02)29423237

　　　　　(02)29423318

傳真號碼：(02)29472865

三重就業服務站

三重市重新路3段120號

電　　話：(02)29767157～8

傳真號碼：(02)29779906

板橋就業服務站

板橋市民族路37號

電　　話：(02)29598856～7

傳真號碼：(02)29587927

中壢就業服務站

中壢市長江路87號

電　　話：(03)4259583～4

傳真號碼：(03)4224420

新竹就業服務站

新竹市中華路2段723號

電　　話：(03)5257041～2

傳真號碼：(03)5265515

（三）中部

台中區就業服務中心

台中市西區市府路6號

電　　話：(04)22225153

傳真號碼：(04)22272406

苗栗就業服務站

苗栗市中華路143號

電　　話：(037)261017

傳真號碼：(037)266341

豐原就業服務站

豐原市中山路288號

電　　話：(04)25271812

傳真號碼：(04)25253993

沙鹿就業服務站

台中縣沙鹿鎮中山路493號

電　　話：(04)26624191

傳真號碼：(04)26624182

彰化就業服務站
彰化市太平街10號
電　　話：(04)7239194
傳真號碼：(04)7239858

南投就業服務站
南投市彰南路2段10號
電　　話：(049)2224094
傳真號碼：(049)2222834

（四）雲嘉南

台南區就業服務中心
台南市東區衛民街19號
電　　話：(06)2371218～20
傳真號碼：(06)2346522

斗六就業服務站
斗六市中正路16巷7號
電　　話：(05)5325105
傳真號碼：(05)5345609

北港就業服務站
北港鎮光明路39號
電　　話：(05)7835644
傳真號碼：(05)7820271

嘉義就業服務站
嘉義市北門街92號
電　　話：(05)2783826
傳真號碼：(05)2750841

新營就業服務站
新營市大同路32號
電　　話：(06)6328700
傳真號碼：(06)6321423

（五）高屏、台東、澎湖

高雄區就業服務中心
屏東市興路446號
電　　話：(08)7560967
傳真號碼：(08)7532009

岡山就業服務站
岡山鎮岡燕路347號
電　　話：(07)6220253
傳真號碼：(07)6224485

鳳山就業服務站
鳳山市中山東路93號
電　　話：(07)7410243
傳真號碼：(07)7410214

潮州就業服務站
潮洲鎮昌明路98號
電　　話：(08)7884358
傳真號碼：(08)7883502

台東就業服務站
台東市新生路230號
電　　話：(089)324042
傳真號碼：(089)346854

澎湖就業服務站
馬公市水源路52號
電　　話：(06)9271207
傳真號碼：(06)9261985

勞工保險局暨各縣市辦事處通訊錄

各地區辦事處	電　話	傳　真	地　址
勞工保險局失業給付業務小組	(02)23961266轉2862至2865	(02)23215057	台北市羅斯福路一段4號
台北市辦事處	(02)23216884 (02)23216973	(02)23939264	台北市濟南路二段42號
台北縣辦事處	(02)23216705 (02)23944083	(02)23964017	台北市濟南路二段42號
基隆辦事處	(02)24224081 (02)24267796	(02)24278364	基隆市正義路40號
宜蘭辦事處	(03)9322331	(03)9355629	宜蘭縣宜蘭市和睦路1-10號
桃園辦事處	(03)3350003 (03)3345096	(03)3364329	桃園縣桃園市中山東路9號7樓之一
新竹辦事處	(03)5223436 (03)5229607	(03)5281438	新竹市南大路42號
苗栗辦事處	(037)266179 (037)266190	(037)266650	苗栗市中山路131號
台中市辦事處	(04)22207217 (04)22216711	(04)22207215	台中市民權路131號
台中縣辦事處	(04)25203707 (04)25203708	(04)25203709	台中縣豐原市成功路616號
南投辦事處	(049)2223073 (049)2222954	(049)2235624	南投縣南投市芳美路391號
彰化辦事處	(04)7256881 (04)7257661	(04)7259293	彰化市公園路一段239號
雲林辦事處	(05)5321060	(05)5321787	雲林縣斗六市興華街7號
嘉義辦事處	(05)2223301 (05)2222548	(05)2221013	嘉義市大業街2號
台南市辦事處	(06)2225324 (06)2201993	(06)2281905	台南市運河南街5號
台南縣辦事處	(06)6353443	(06)6353446	台南縣新營市民治東路31號
高雄市辦事處	(07)2212167 (07)2416289	(07)2729045	高雄市成功一路436號6樓
高雄縣辦事處	(07)7462507 (07)7462500	(07)7462519	高雄縣鳳山市復興街6號
屏東辦事處	(08)7377027	(08)7377037	屏東縣屏東市廣東路552號之一

花蓮辦事處	(03)8572256 (03)8572598	(03)8564446	花蓮縣吉安鄉北昌村建國路一段95號
台東辦事處	(089)318416	(089)318425	台東縣台東市更生路292號
澎湖辦事處	(06)9272505	(06)9279320	澎湖縣馬公市三民路36號
金門辦事處	(082)325017	(082)328119	金門縣金城鎮環島北路69號
馬祖辦事處	(0836)22467	(0836)22872	馬祖連江縣南竿鄉介壽村中正路47-4號

MBA系列7

裁員風暴——企業與員工的保命聖經

作　　者／丁志達
出 版 者／生智文化事業有限公司
發 行 人／林新倫
執行編輯／胡琡珮
登 記 證／局版北市業字第677號
地　　址／台北市新生南路三段88號5樓之6
電　　話／(02)2366-0309　2366-0313
傳　　眞／(02)2366-0310
E-mail／tn605547@ms6.tisnet.net.tw
郵政劃撥／1453497-6　揚智文化事業股份有限公司
印　　刷／科樂印刷事業股份有限公司
法律顧問／北辰著作權事務所　蕭雄淋律師
ISBN／957-818-280-5
初版一刷／2001年6月
定　　價／新臺幣280元

總 經 銷／揚智文化事業股份有限公司
地　　址／台北市新生南路三段88號5樓之6
電　　話／(02)2366-0309　2366-0313
傳　　眞／(02)2366-0310

國家圖書館出版品預行編目資料

裁員風暴：企業與員工的保命聖經／丁志
達著. - - 初版. - -臺北市：生智，2001〔
民90〕
面： 公分. - -（MBA系列；7）

ISBN 957-818-280-5（平裝）

1.人事管理 2.職場成功法

494.3 90005477